如烟女士去做生涯咨询

吴沙——著

机械工业出版社

CHINA MACHINE PRESS

本书为读者呈现了不同维度的生命故事的价值和疗愈力量。它以一位典型职场人士在青年时期的实际生活案例为主线，详细介绍了应对不同生涯问题的解决思路及十七个实操工具。读者在品读来访者与咨询师的深度对话间，不仅能了解各类问题背后的深层心理原因，更能透过来访者的故事照见自己的内在世界，看清自身问题的本质，并依循书中的方法进行自助解惑。

　　本书既可作为生涯咨询师、心理咨询师以及高校学生工作者的案头必备读物，也可供身处生涯困扰的大学生和职场人士自助学习，同时，还可作为有过成长创伤的大众读者的自我疗愈书籍。

图书在版编目（CIP）数据

如烟女士去做生涯咨询/吴沙著 . —北京：机械工业出版社，2022.8
ISBN 978-7-111-70977-0

Ⅰ . ①如…　　Ⅱ . ①吴…　　Ⅲ . ①心理咨询　　Ⅳ . ① B849.1

中国版本图书馆 CIP 数据核字（2022）第 099107 号

机械工业出版社（北京市百万庄大街 22 号　邮政编码 100037）
策划编辑：张潇杰　　　　　　　责任编辑：王淑花　张潇杰
责任校对：史静怡　刘雅娜　责任印制：李　昂
北京联兴盛业印刷股份有限公司印刷
2022 年 8 月第 1 版第 1 次印刷
145mm×210mm・8.375 印张・1 插页・152 千字
标准书号：ISBN 978-7-111-70977-0
定价：69.80 元

电话服务　　　　　　　　　　网络服务
客服电话：010-88361066　　　机 工 官 网：www.cmpbook.com
　　　　　010-88379833　　　机 工 官 博：weibo.com/cmp1952
　　　　　010-68326294　　　金 书 网：www.golden-book.com
封底无防伪标均为盗版　　　机工教育服务网：www.cmpedu.com

按照行业规范，在整理出版本书前，凡书中涉及的咨询信息，均征得来访者的知情同意，并进行了专业化处理，又对相关的个人信息进行了适当的改编，以保护来访者的隐私。

有人的地方就有心理学

随着时代的发展和社会的进步，人们在追求物质生活水平提升的同时，对精神生活的需求也在不断增长。习近平总书记在党的十九大报告中指出，我国社会主要矛盾已经转化为人民日益增长的美好生活需要和不平衡不充分的发展之间的矛盾。人们对美好生活的向往，便是心理学的使命之所在。

二十多年前，我曾在多个场合对心理学的应用做过概括：有人的地方就有心理学，凡是一个新领域诞生就会产生一门相应的应用心理学分支。这两句话后来被很多人引用，特别是被我的朋友和学生引用。其实，科学心理学在德国莱比锡大学创建距今也才一百多年的时间。但是经过百余年的蓬勃发展，心理学的研究与应用的确实现了各领域的广泛渗透，几乎真的出现了"凡是一个新领域诞生就会产生一门相应的应用心理学分支"的情况。生涯规划领域就是其中一个。比如，被称为"职业指导之父"的弗兰克·帕森斯（Frank Parsons）最早建立生涯

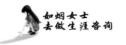

规划（那个时代称为职业指导）体系是基于当时"职业安置"的需求，所以，选择一份适合的职业，需要建立在全面、可靠的指导及认真自我分析的基础之上，这也促使帕森斯不得不把差异心理学的概念和技巧应用其中。再到后来"生涯"概念的引入者——美国著名心理学家、生涯发展理论的提出者唐纳德·舒伯（Donald Super），为了回应自我概念会随时间和经验而变化，又不得不用发展心理学的"阶段"概念来突破其研究瓶颈。可见，心理学在生涯理论的发展史中扮演着重要的支撑角色。

同样是在二十多年前，大约 1995 年前后，当我还在北师大攻读博士学位的时候，"龙湖地产"在重庆正处于创业阶段，受龙湖地产老板吴亚军女士的邀请，我为她公司的中层干部进行了心理测评，并依据测评结果对当时的中层干部任用提出了建议。后来，因为学业任务繁重，也因为恩师林崇德教授对学生一贯要求既宽厚又严格的原因，我必须全身心地扑在博士论文的研究和写作上，没有时间更多地参与龙湖地产的事情，但我后来得知，当时参与测评且根据测评建议被安排在不同岗位上的中层干部都干得相当好，而龙湖地产也一帆风顺，成为地产界的大鳄。我并不认为龙湖地产的成功和我当时的测评工作有多大的关系，更不认为自己对龙湖地产有什么贡献，但通过心理测评，使得企业对员工的能力特点、人格特点有了更加深入的了解，从而进行更为合理的岗位安排，这一做法还是值得提倡的，其内涵与后来才引入到中国的生涯规划研究暗合。这或许是我这一辈子做过的不可多得的心理学应用工作吧，因为我后来的几乎所有时间，都放在学术研究和学科建设上面去了，没有机缘再涉足心理学的应用领域。

近日，快20年前的学生吴沙突然联系到我，让我颇感欣慰，因为本科毕业的同学是很少联络过去的老师的。吴沙找到我，是希望我能够为他即将出版的新书作序。当看到吴沙发来的样稿后，我也很是惊喜。一是因为吴沙是我在西南师范大学（今西南大学）心理学院任教时期曾教过的学生，在他读书期间，我担任学院的副院长，能见证自己教过的学生不断成长，从专业学习到专业实践，再到专业输出的成长，我感到十分欣喜。二是因为品读着书中的文字，我能感受到吴沙对生涯规划的执着与热爱。三是因为我自己虽然不做生涯规划，但在我的早期生涯中，也无意间做了那么一次至今记忆犹新的生涯规划实践。今天，看到吴沙能将后现代生涯发展观整合应用到咨询实践中，面对来访者复杂的问题成因和多元化的需求，抽丝剥茧地让来访者自明困惑，通过对话和反思，最终找到可参考的解决方案，个人觉得，这也是一件很有意义的工作。吴沙在学生时代，就是一个有想法且敢于尝试和不断创新的年轻人，这本书就是他在生涯规划领域耕耘十五年的践行之作，值得推荐。

在当今这个生活节奏越来越快的社会里，年轻人往往也越来越浮躁，常常迷失在身边的诸多诱惑中。面对职业世界的快速变化和职业选择及发展的多样化与个人化，年轻人该如何更好地认知自己、定位自己，找寻自己热爱的事业，选择一个自

己向往的生活方式，活出自己生命的意义，这可以说是拷问灵魂的问题——"我是谁？我从哪里来？我要到哪里去？"的再现。因此，我建议，你不妨跟随吴沙书中介绍的十七个工具，开启一场别样的自我对话，以便更好地认识自我、改造自我和提升自我。我相信作为读者的你，定能从中受益。

　　是为序。

李红

中国心理学会前理事长

华南师范大学教授

转身就解放，我再成就我

2015 年，是中国人民抗日战争暨世界反法西斯战争胜利 70 周年；2015 年，屠呦呦获得诺贝尔生理学或医学奖，是第一位获诺贝尔科学奖项的中国本土科学家；2015 年，李克强总理在政府工作报告中首次提出"互联网 +"……

2015 年，对于在职业训练领域浸润多年的我，是一如既往的繁忙和充实的一年。这一年，作为 TTT 创始版权人的我，在 TTT 国际职业培训师标准教程的课堂上，与颇具学者风范、文质彬彬的吴沙相识了，他是参训学员中少有的来自生涯规划领域的培训师。

五月，又称"红五月"，劳动节、青年节、护士节等节日都在这个月里，热情高涨的五月；"525"的谐音为"我爱我"；2022 年五月五日恰逢立夏，是春生夏长的时节……翻阅完吴沙带来的《如烟女士去做生涯咨询》之样稿，借叙事讲生涯，展现过去、现在、未来和系统的生涯时空，顿生转身解放、自我

成就之感，值得细品、耐人寻味。

观他人、照自己

观照，是指仔细地观察，审慎地思考比较，用心光向心中看、向心中照。观照还蕴有关心、照顾、关怀之意。

观照，也是一次次发现自我、直面自我的过程，从心出发，找寻最真实、最纯粹的自己。"观照有度"，是一种有温度、有态度的轻生活方式，找寻平凡生活的精彩，享受轻生活带给我们的丰盈。

"生涯即故事"，让我们在如烟女士的故事里，看见自己，观照那些倾注了我们情感、意愿、希望及对现实有意义的各种元素，包含重要人物、关系、事件、地点、对话、思考和行动等，也许我们就能寻找到属于自己的人生答案。

树立元认知、去除伪命题

美国心理学家约翰·H. 弗拉维尔（John H. Flavell）提出了元认知，即对认知的认知，对自己的感知、记忆、思维等认知活动本身的再感知、再记忆、再思维，主要包括元认知知识、元认知体验、元认知监控等成分。

生涯咨询就是要帮助我们树立元认知，找到自己的生命意义。正如书中如烟所感："因为我找到了自己的生命主题，一个人也可以自信、自立、自强地活好、活出精彩。"这就是咨询师引导如烟重新诠释其生命故事的结果。

一般人容易不自觉地活在对过去不完美的抱怨、对未来不确定的恐慌，以及面对现实生活的压力与诱惑而导致的沉沦中。生涯咨询能让我们接纳过去，并看到自己对未来的坚持和当下的努力。咨询师告诉如烟："我们无法选择原生家庭，当原生家庭带给我们伤痛时，我们常常陷入某种不可改变的模式里循环往复，痛苦一生。所以，我们需要努力改变我们可以改变的事情，接受我们无法改变的事情，并用智慧去分辨二者。最终踏上与自己的和解之路。"生涯咨询帮助我们去伪存真、破局纾困。

点破现象、点化行动

有时点破一句话，胜过低头忙一年。现实中有许多人因为原生家庭带来的桎梏而不能自拔，总在抱怨原生家庭对自己带来的伤害。正如吴沙书中所点破的：我们的家，是伤，也是药。书中介绍的十七个生涯咨询工具，将有力地点破并帮助我们去行动。

要想让自己看见重要他人的影响和价值，只需要按照书中的指导语，绘制一幅自己的生涯影响轮，我们就能了解并感知到重要他人都曾是支持系统，都是资源。当我们看到了这些影响和价值后，自然不会一味抱怨原生家庭所谓的"不公"，更可以看见面对现实问题时原生家庭带来的支持，就会更有力量地去行动。

从某种意义上说，影响过我们的人越多，资源就会越丰富。生命中的重要他人，他们的品质成了我们今天品质的集合；他们的选择成了我们今天选择的参考；他们的经历和经验成了我们今天经历和经验的铺垫；他们的行动成了我们今天行动的借鉴。

揭示本质、揭露真相

顺理成章何须你，独占价值开生面，我们都希望自己能成为更好的自己。回顾我自己 31 年来管理咨询和职业训练所经历的风风雨雨，走过的万水千山，尤其静思并梳理我 28 年来助推众多培训师成长的职业生涯，也曾从"望尽天涯路""为伊消得人憔悴"到"灯火阑珊处"，也曾察觉并感悟到登高望远、矢志不移进而转身解放。我也曾于职场见到过许多迷失的人，在遭遇个人发展的瓶颈时，总是楚囚对泣，就像吴沙书中的如烟那样，不敢正视自己，掩饰着真实情感，外表光鲜亮丽而内心早已千疮百孔。所以，我们需要对话，需要在对话中揭示本质、揭露真相，以直面问题，进而勇敢地做出改变。

成人较易存有知见障，容易"以常识作见识，拿见闻当见解"，我们又该如何开启对话，如何直面问题呢？又该如何做出改变呢？赶紧打开《如烟女士去做生涯咨询》，与书中主人公如烟同声相应，同气相求，定能探究本源，"我"再成就我。

通读吴沙所写的《如烟女士去做生涯咨询》全书，能感受到他对生涯助人工作所怀抱的热情。可以说，这是一本职场人士必读、常读的经典好书，它提供了许多值得我们深入探讨的成长议题。

精读《如烟女士去做生涯咨询》，跟随如烟的步伐同频共振：你好，五岁，我来看你了；妈妈，您能不能爱我一次；想得到爱，却不知道何为爱；大城市，真能改变命运吗；一碗猪脚饭无意中换来的情缘；我虽恨嫁，但闪婚会幸福吗；婆媳矛盾真是难跨的坎吗；寻找自己真正热爱的领域；华丽转身，不料却优雅撞墙；梦想终究还是败给了现实；讨好，只是为了不受伤害；不曾拥有，又何来失去；请出自己内心深处的英雄；我想放下一切回家，行吗；我要活成自己满意的样子……一行行、一页页，历历如画，仿如欣赏年度大片，是那样地扣人心弦、荡气回肠，更是这般振聋发聩、拍案称奇，继而又食髓知味、甘之如饴。

写此小文以为序，于我更多的是观照内心、反听内视，半世纪风云如白驹过隙。搁笔静思，脑海里浮现着"五月榴花照眼明，枝间时见子初成""日长睡起无情思，闲看儿童捉柳花"的诗句，耳边回响着"五月的鲜花"深沉又激扬的旋律，心中涌动着赤纯的情怀，深深地吸一口恬淡而静雅的空气，走出书斋，去迎接即将来临的炎炎热烈、香远益清。

刘子熙

知实堂主

TTT 版权所有人

上海启能顾问董事长

读书破万"卷"

人和人的差别在于业余时间。

去年冬天，在一次闲聊的时候，吴沙跟我说他最近有写第三本书的打算。我当时感到很惊奇，要知道，他一年的培训量是我们团队最大的，讲课的主题也是我们团队最多的，涉及的行业也是最广的，况且，他家老二的预产期就在12月初，他又是公认的超级奶爸。一本书，少说也要十几万字。一边备课，一边伺候月子，一边带娃，还要写书……这对于一般人来说，想都不敢想。所以，我当时也没有当回事儿。

接下来的两个多月，伴随着小千睿的降生和寒假的到来，我们大多数时候在微信群里聊的都是春节期间的逸闻趣事，以及孩子们的各种欢乐瞬间，难得的休息时光就这样一天天过去了。

今年3月中旬的一天，吴沙给我发了两条微信，第一条是一个1.45MB的PDF文档，第二条是一贯的通知："书稿完成了，推荐序赶紧搞起来。"

震惊之余，我马上接通了语音，第一句话就是"你啥时候写的啊？这都哪来的时间啊？"他轻描淡写地给我做了分析："孩子总有睡觉的时候啊，产妇总有休息的时候啊，除去做饭和打扫卫生的时间，上下午怎么也能各写一小时吧？晚上等他们都睡着了，再写一小时。一天三小时，两天写一章，差不多一个月也就写完了啊。别再啰嗦了，赶紧写推荐序吧，我要去煲汤了……"

相信不少人看到这里，都会忍不住反思自己的时间管理能力。还有那些看书、学习必须要有一个极致环境的人，比如凡是学习，必要有隆重的仪式感，凡欲看书，必要有妙曼的音乐，有妖冶的花香，有精致的茶汤，还要有特制的桌子，专属的座椅，甚至周围不能有别的动静，更不能有活物……这些人都做何感想？

所以，还是那句话，人与人的差别在于业余时间。漫长的假期，有的人在默默努力，蓄势待发；有的人在放纵自我，蹉跎年华。时间对每个人来说都是公平的，而最后的结果却又大不相同。这是吴沙的这本书在创造伊始，就带给我们的思考与收获。

面对"内卷"怎么办？唯有读书破万"卷"。

当这本书进入内部校对环节时，不出所料，工作群里炸开了锅。所有咨询师直呼"这也太'卷'了吧？""能不能好好休息一下？""这让我们这些没有生二胎也没有写书的人怎么办？""有没有考虑过同事们的感受？"

大家一边表达着钦佩和赞美，一边迫不及待地打开书稿，读完之后，给出的反馈又是出奇地一致——"果然读书破万'卷'啊！这本书里涉及的理论和工具够我们学好久了。""这么多新的理论和模型，你都是什么时候学的？""求参考文献包。""求推荐书单。"

一直以来，吴沙都是我们的"移动式文献库"，也是我们团队当之无愧的"创新实践者"。最近心理学又有哪些新的研究发现，你可以问他；最近生涯咨询领域又有哪些新的突破，你可以问他；最近又有哪些新的模型和工具可以尝试在咨询中使用，你更可以问他。

不断学习，不断尝试，不断突破，用他的话来说就是，"来访者在不断变化，我们也要与时俱进"。与他做同事，是幸运的，因为你可以随时找他要资料；与他做同事，又是充满压力的，很多时候，他太"卷"了。

当你被伤害得体无完肤时，剩下的就是一身的钢筋铁骨。

如烟的故事，在很多女性咨询案例中都会找到类似的情节。从小遭遇被忽略、被区别对待，有的甚至是被抛弃、被剥夺受教育的机会，早早辍学打工，而且被要求无条件地遵从父母的安排，为家里无休止地付出，为兄弟姐妹的幸福埋单……

每次接待这样的来访者，倾听她们的诉说，我们有时候会不愿意相信自己的耳朵，面前的这个人，虽然与我们同龄，甚至比我们年幼，但她的童年经历，让我们觉得很遥远……

每当这个时候，那句"我能理解你……"是苍白无力的，更是不合时宜的。我们只能说："很难想象，假如我是你，在那样的环境下，面对那样的处境，我会怎么样。"这个时候，她们大多会苦笑一声："是啊，我说出来，很多人都难以相信，你看，我能够活成现在这个样子是多么不容易。"

甚至有时候她们也会引导咨询师体验当下的感受："您看，放在十年前或是二十年前，我也不敢想象，有一天我会在这么大的城市工作，还能自己租房子住，每天穿着体面的衣服，坐在明亮的办公室里，有一份收入不错的工作，而且还能每个星期来做一次咨询……"

这个时候，我们会对面前的来访者肃然起敬，透过她们苦难的早年经历，看看她们今天的样子，我们再一次相信生命是顽强的，个体的潜能是无穷的。当你被伤害得体无完肤时，剩下的就是一身的钢筋铁骨；当你意识到能依靠的只有你自己时，你就会自强不息、一往无前。

解决了那些"未完成事件"，我们才能真正地放下过去。

有些做法，我们可以理解，但是对我们的伤害，我们无法原谅。

有些观念，我们可以尊重，但是对我们的绑架，我们无法认同。

对祖父母、父母的成长背景以及他们的人生经历，我们可以努力表达理解，我们可以尽量做到尊重。但是，这些都是在理性层面的，而且是在我们内心足够强大的时候才能做到的。就如同，一颗颗钉子钉在了木板上，有一天我们有力量了，可以拔掉这些钉子，我们也可以努力理解别人这么做是无意的，甚至是无奈的，但是当初那彻心彻骨的痛楚、萦绕不去的恐惧，如同一排排钉痕深深地刻在了我们的内心深处，游荡在我们的潜意识之内，等待着随时被唤醒。

随着年龄的增加，随着生活环境的改变，我们会认为这些东西早已烟消云散，殊不知这些"未完成事件"一直在影响着我们。当生活中出现类似的场景，那些潜藏的情绪反应就会被唤醒，我们就会出现莫名其妙的焦虑、恐惧甚至伴随着不同程度的躯体化症状。

每当这个时候，咨询师就会引导来访者回到过去，去处理那些"未完成事件"，在这本书里，就提到了很多相关的技术，比如童年幻游法，回到自己最弱小最无助的那个当下，去拥抱自己，安慰自己。比如童年重大生命事件探索法，去重新还原事情的全貌，厘清被我们选择性记忆的情节，让故事的真相完整呈现。还有自由书写、爱的历史回顾法等，这些技术都可以让压抑的情绪得到宣泄，让无法表达的情感得以呈现，让如鲠在喉的感受得以疏通，让尘封多年的"悬案"得以了断。

所以，一味地压抑只能让爆发来得更猛烈，只有解决了那些"未完成事件"，我们才能真正地放下过去。

授人以渔，助人自助。

无论是讲课还是做咨询，吴沙一贯的风格都是引导、启发，让学生和来访者自己去寻找答案。用他的话说就是"我直接告诉你答案，那是我的理解，可能根本不适合你。你自己找到的答案，才是你真正需要的"。所以，他的课堂，是开放的、灵活的，是体验多于讲述的。他的咨询是循循善诱的、引人入胜的。在这个过程中，来访者不仅解决了问题，还得到了解决问题的方法。同样的，我们通过阅读这本书，在感受到咨询师深厚的理论功底、多元的问题假设、娴熟的咨询技巧之外，也收获了一系列专业的辅导工具。而且书中对每个工具的理论来源、应用方法、使用中的注意事项，都有详细的介绍。透过这些，我们能够感受到作者授人以渔、助人自助的美好期待。

满怀希望，就会所向披靡。

如烟的童年是不幸的，通过咨询，她处理了那些创伤。如烟的情路是坎坷的，通过咨询，她重新认识了那些经历。走进咨询室，意味着她有勇气面对自己的问题；接受咨询师的引导，意味着她愿意重新体验那些尘封已久的往事，并把它们重新整理；把咨询中的收获带到生活中去体验，意味着她愿意突破自我，拥抱新的不确定。当生活再次出现问题时，她勇于尝试新的应对模式。这一切的勇气、毅力和耐心，无不彰显着她内心对美好生活的向往，对未来幸福人生的期待。

所以，只要我们能够满怀希望，无论这个问题有多么顽固，

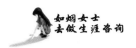

也无论这个问题缠绕我们有多久，我们都会所向披靡。

点亮一颗星，照亮一片天。

如烟的故事，让我们意识到，同一片阳光下，还有人在暗夜中挣扎。如烟的故事，让我们感受到，只有疗愈过往的创伤，才能从容应对当下的生活；只有整合过往的经历，才能有效规划未来的蓝图。

愿这本书能够为暗夜中的人带去光明，

愿这本书能够让无助的人重拾希望，

愿这本书能够成为新手咨询师专业成长道路上的引航灯，

愿所有的创伤如烟消散，愿我们的未来光华璀璨。

贾杰

北京明光生涯教育创始人

生涯即故事

> 古老的犹太格言问:"什么比真实更真?"
>
> 答案是"故事"。

故事,是我们向自己和别人解释发生了什么、为何会发生以及自己期待接下来如何发生的最好方式。我们每个人的一生就是一本书,里面记录了成千上万个关于自己的故事,我们就是这些故事的创造者。有些故事为人所知,有些则不为人所知。有些故事被遗忘在人生的长河中,有些则至今记忆犹新。而那些不为人所知的记忆往往带着创伤或警惕。所以,我们要了解自己何以会保留这些记忆,并从中抽取出对现实有意义的元素,这里面包含了重要的人物、关系、事件、地点、对话、思考和行动等元素,这些元素暗含着我们的情感、意愿和对未来的希望,它们都可能成为解决我们当下困扰的密钥。

写作缘起

其实没想过这么快再出书，毕竟距离上一本书《大话生涯：自我发现之旅》的出版也才两年的时间。而推动这本书出版的理由有三：

第一，百年生涯发展史，西方生涯咨询早已从"适配论"和"发展观"的"分数取向"和"阶段取向"迈向了"后现代"的"故事取向"。而国内大多数咨询师至今仍停留在通过测评，引导来访者不断评估自我特征与职业要求，在追求信息完全的基础上，理性、"去我"地指导其生涯选择的层次上。可是，现实中我们的个案早已挣脱了"唯人职匹配论"的枷锁。相反，帮助来访者找到自己的意义，才应该是生涯咨询的重点。因此，出书是为与时俱进。

第二，生涯咨询在过去一直被界定为只关心一个人的现在到未来，似乎通过设计未来生涯，就能解决现实困境。殊不知，因为缺乏对过去经历的挖掘，来访者呈现出对改变现状的信心、决心和动力不足。所以，后现代生涯观更强调思考我们每个人的整体生涯历程。正如当今美国职业辅导实践与研究的资深学者、生涯建构理论的提出者马克·萨维科斯（Mark Savickas）于2005年所说的那样："生涯故事诉说着昨日的自己如何蜕变成今日的自己，今日的自己又如何型塑明日的自己。"故而作为咨询师，只有对来访者过去或现在的故事加以整合与省思，才有可能让其对未来产生合乎现实的理想和计划，让未来故事成为可能，进而为来访者找到当下的行动出口。这才是生涯咨询该有的效能。因此，出书是为正名定分。

第三，为了身处生涯困惑旋涡的大学生和职场人士。当代大学生和职场人士涌现出了"慢就业"和"慢工作"的状态。该如何破解？目前市场上的大多数同类书籍多以所谓的成功式教条经验或心灵鸡汤式分享来解决这些问题，只浮于表面，很难深入问题形成的本质，结果便是治标不治本。其实就业或工作无所谓快与慢，它只是一种个人的选择罢了。不过，这种"慢"却成了国家、民族、社会和组织发展的"忧"。过去的教育只重视帮助学生学以致用，追求成功。所以，听起来"高大上"和所谓"性价比高"的职业往往受到学生的追捧，被定义的"脏活累活"却无人问津。然而他们不知的是，如果这些成功标准是被物质化的，虽然短时间内能调动其动力，但却难以持久。毕竟"天下没有免费的午餐"，他们忘了职场中的一个重要的事实，那就是你的价值取决于你的不可替代性。这些都跟当代年轻人对未来缺乏"希望感"有关，他们根本看不到投入学习的意义。故而解决问题的方向就应从追求外在成功（即达成外在目标）转为追求内在幸福（即获得意义和快乐）。因此，出书是为授业解惑。

定位说明

首先，这是一本后现代生涯咨询的工具合集。自 2000 年开始学习心理学以来，随着对人性理解的深入，我的思维模式

也从"单一研究型"转变为"实践研究型"。特别是近 15 年来，我一直专注于生涯咨询的实践研究，试图摸索出一套更为整合的、适合中国人心理和行为的生涯咨询模式，此书便是成果之一。我将其称为"生涯的四维时空观"（如图 0-1 所示），也就是教会咨询师该如何站在时间（即过去、现在与未来）和空间（即生活角色）的维度去理解个案、走进个案和帮助个案。

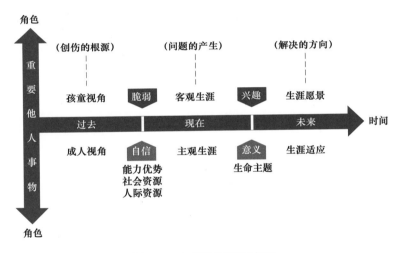

图 0-1　生涯的四维时空观

在时间维度上，咨询师需要认识到的是，一是过去会影响现在，过去和现在会一起影响未来，来访者想要的未来又会影响他现在的行动方向；二是来访者创伤的根源往往来自孩童时期的他没有能力立足于成人的视角来理解事物，于是咨询师需要让来访者看到事物的另一面，这种对创伤的完整性理解，除了让他看见自己的脆弱，更让他了解到自己在能力优势、社会资源和人际资源等方面的自信，找回自己内在的力量；三是来访者当下的生涯困惑大都来自他的客观生涯与主观生涯⊖ 发生错位，因而咨询师需要引导来访者通过对客观生涯之间的连接与关系进行解释和反思，形成一个主观生涯，从而确认自己当下认同的选择；四是来访者问题的解决不是按照既定的阶段目标被动等待其内在结构的成熟，而是需要协助其设定生涯愿景，也就是从兴趣和意义等方面来思索未来的各种可能性，并确认所希望的结果，然后积极主动地去适应环境。

在空间维度上，咨询师需要了解的是，我们是生活在系统之中的人，他人和环境都会影响我们的判断与选择，我们是无法从整体的背景中被单独分出来的。因此，我们需要把个人放在系统中去理解，学会利用系统去思考和分析问题，进而解决问题。

"一千个读者就有一千个哈姆雷特"，咨询师的工作其实就是在听故事和回应故事。而生命故事是有脉络的，它表达了个人独特的脉络。所以，当你试着用整合视角和脉络思维去聆听来访者过去、现在和未来的生命故事后，你会发现：

- 我们会被过往的经历影响，但是不会被过往的经历决定。因为我们往往带着片面的理解来看待自己过往的经历，其实过往的经历对于现在的我们而言，早已被赋予了不

⊖ 2005 年，生涯建构理论的提出者萨维科斯将生涯分为客观生涯与主观生涯，客观生涯是指个人从求学到退休所从事的一连串角色。而主观生涯是指个人通过回忆过去的角色、分析当前的角色以及预测未来的角色，有意识地整合不同的经验，创造意义的过程。

一样的意义，它不但可以给予我们改变现状的能力、优势和资源，还可以呈现我们当下的生活模式。

- 我们都希望自己构想出来的未来蓝图可以如愿发生，只有这样，我们想要的未来才会影响我们现在的行动方向。

- 我们只有基于对过去的反思和对未来的诠释，才有可能为我们的现在找到出口。

- 系统会伤人，更会助人。

基于此，咨询师该如何从来访者身上发掘不同生命维度的故事的价值呢？书中以鲜活的案例详细介绍了十七个后现代生涯咨询实操工具，并配以完整的咨询对话录。因此，生涯咨询师、心理咨询师以及高校学生工作者是这本书的第一读者群。

其次，这本书是一个人的青年成长史。我在五年前出版的自己在生涯领域的第一本书《遇见生涯大师》中，就把自己设定为生涯知识的传播者，而我最喜欢的传播方式就是"叙事讲生涯"。故而我之前出版的《遇见生涯大师》和《大话生涯：自我发现之旅》用的都是这种方式，让读者可以在阅读别人的故事中学习生涯。所以，本书亦是如此。书中的主人公是我在咨询工作中曾经接待过的一例长程个案。按照行业规范，我在整理出版本书前，凡书中涉及的咨询信息，均征得来访者的知情同意，并进行了专业化处理，又对相关的个人信息进行了适当的改编，以保护她的隐私。之所以选择这一个案，一是因为其经历具备一定的典型性、代表性和完整性，当我们深陷原生家庭创伤、自我希望感缺失、现实生活压力、个人发展瓶颈以及上下级冲突之苦时，该如何活出更好的自己；二是希望向读者展示生涯咨询服务的全过程，也就是面对个案复杂化问题的成因和多元化的需求，该如何走进个案的内心世界，找寻到各种痛点问题与可参考的解决方案。同时让读者了解咨询服务并非一蹴而就，咨询效果的达成更需要来访者在咨询中的积极配合。因此，身处生涯困扰的大学生和职场人士是这本书的第二读者群。

最后，这是一本可以自我疗愈的书籍。阅读疗愈的价值就在于，读着别人的故事，解决自己的问题。每个人一生中都会经历各种创伤，如烟的故事会如照镜子般引发你的内心共鸣。而书中的十七个工具，不但能治愈书中个案，更能治愈"受过伤"的读者。所以，每一幕的最后，我们都详细介绍了各个工具的使用说明，包括了理论依据、适用范围和使用注意事项等，更为你提供了练习表单。因此，有过成长创伤的大众是这本书的第三读者群。

你选择了这本书，就是选择踏上了一条自我成长和改变之路！

期待你早日成为自己生命的掌控者！

吴　沙

目 录

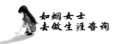

序　幕　我想放下一切回家，行吗

何谓生涯咨询

生涯咨询就是帮助想走自己路的人，找
到自己的路。

在遭遇了失恋和失业的双重打击后，如烟拨通了爸爸的电话。

"嘟……嘟……嘟……"

"乖女儿！"电话接通后，爸爸惯常地叫着如烟。

如烟再也掩饰不住心中的无奈和委屈，泪如雨下，泣不成声。

"怎么了，乖女儿？"爸爸有些焦急地问道。

"爸，我能回家吗？"如烟稍事调整情绪后，带着哭腔，小心地问道。

"如果觉得累了，就回家休息一段时间吧！"爸爸赶紧回应道。

"爸，我说的是想结束广州的一切，彻底回来。我今年也27岁了，想着回来跟姐姐们一样，在村里找一个好人家嫁了，陪在您跟妈妈身边。好吗？"如烟鼓起勇气说道。

这也是如烟离家十年，第一次涌现出这样的念头。

如烟，1987年1月12日出生在湖南省衡阳市的一个小山村，家中有姐弟四人，她排行老三。出生后的前五年，她独自一人跟随爷爷奶奶在村里生活。六岁半时，才回到乡镇上父母的家中。在自己的努力下，她逐渐成为父亲心目中最有出息的孩子。就这样，她背负着父亲的期待和家族的使命来到广州，从求学到工作，从不敢怠慢一天。

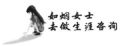
"你想都别想，为了你弟弟，为了我们家族的子孙后代，你必须要在广州落地生根，你趁早打消回来的念头！"爸爸非常坚决地命令道。

除了持续地哭泣，如烟无言以对。

孤身一人，背井离乡地来到广州这个大都市，在各方面都一直力争上游的如烟，从未有过放弃的念头。可是这一次，如烟似乎已经没有了前行的动力。

如烟是一家国内知名教育机构的销售顾问，在这家公司已经工作了五年，每天都很拼，且近三年一直是公司的销售冠军，结果却是，领导只给业绩压力，从不谈升职和加薪。她心情很糟，其实这不是钱的问题。她只是感觉自己如果无法快速达成社会定义的成功，立足于大城市，会对不起爸爸的嘱托。所以，她选择关机失联，把自己与工作隔绝快一周了，萌生了离开的念头。但是如若离开了现在的大平台、稳定的工作和薪水、熟悉的圈子及人脉，自己又能做些什么才能尽快成功呢？

加之，最近刚与男友分手，分手时男友冷冷的一句："你就好好为你父母、弟弟和姐姐而活吧，在你眼中爱情根本不算什么，你从未真正考虑过我们的未来，我不过是你人生的过客罢了。"这也让她开始怀疑，甚至否定自己的坚持。

爸爸刚刚的这一席命令之语，就像压倒她的最后一根稻草，她已经完全被击败，越发感到迷茫，已经不知道这份对成功的执着和坚持对自己来说，意味着什么？她一直在向世人努力地证明自己存在的价值，但最终的结果却是失去了工作、失去了爱情，甚至失去了亲情。她不像其他人那样，遇事有家作为归路，她只能靠自己去面对一切苦楚。

　　就在这穷途末路之际，如烟走进了生涯咨询室……

　　何谓生涯咨询？著名华人生涯辅导专家、澳门大学客座学者、台湾师范大学名誉教授金树人先生曾精辟界定道："生涯咨询就是帮助想走自己路的人，找到自己的路。"可见，生涯咨询的本质不是做单一的人生选择，也不是根据测评将人与职业／教育的特征做静态的匹配，而是帮助来访者学会接纳自己的过去，从整理过去、理解当下生活的过程中，看见自己相信的未来，从而把握现在，做该做的事情，以过上令自己满意的生活。因此，生涯咨询需要同时连接过去、现在与未来三种时间形态。

第一幕　你好，五岁，我来看你了

童年幻游法

有时，知道我们是谁，比知道我们要去
哪里更重要。

经过前两次的咨询，如烟只是一味地吐槽着命运的不公、现实的残忍和当下的迷惘。当咨询师问及父母的个性和她幼儿时期的成长经历时，如烟却避而不谈，不愿提及。

大量的咨询实务经验告诉我们，一个人的心理是否健康快乐与他幼儿时期的家庭经历有着千丝万缕的关联。所以，咨询师在向如烟陈述了其中的缘由后，便试着带领她开启了童年世界之旅。

　　我们今天会经历一个特别的历程，在这个历程当中，我们将对你的童年进行一次特殊的探访。

　　在你的位子上调整到一个自己觉得最舒服的姿势。现在，请慢慢把眼睛闭起来，开始专注于自己的呼吸。深深地吸一口气，然后慢慢地吐气。再深深地吸一口气，然后慢慢地……吐气。每一次的呼吸都令你更放松、更舒服。让自己静下来，让自己跟自己的内在接触，静静地跟自己在一起。

　　想象一下，在你面前有一只蝴蝶，这只蝴蝶身上的颜色是你所喜欢的颜色，看着这只蝴蝶。它慢慢地挥动翅膀，带着你穿越时空，经过了田野、经过了溪流、经过了平原、经过了高山，渐渐地带你穿越时空隧道，走回到你五岁时生长的地方。

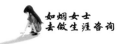

伴随着咨询师的冥想引导，如烟的心理防御逐渐减弱，紧张感慢慢消除，跟随着白色的蝴蝶，尘封已久的记忆渐渐显现出来……

> 这个地方也许是在农村，也许是在城市，又或是在乡镇。看一看你五岁时生长的地方，看一看你家门前的街道，然后慢慢地走向你小时候，也就是你五岁时候的家看一下。你家的门，是用木头做的还是铁做的？是什么颜色的？你轻轻地推开了家门，看一看你小时候玩耍过的地方，看看家中的摆设，同时也看一看家里面的人，有爸爸，有妈妈，有爷爷，有奶奶，还是有其他的兄弟姐妹、姑姑、叔叔、伯伯、婶婶等？这些人，他们对你怎么样？他们与你的关系怎么样？是呵护你、爱护你、照顾你，或是会打你、骂你、欺负你？还是跟你没有任何联结，是一种疏离的状态？

"我六岁半以前，都生活在农村的爷爷奶奶家里。"如烟开始回忆着过往，"那是一幢破旧不堪的老房子，全屋是用泥巴垒起来的，房间中的地面上都是泥土。大门由两扇已经被白蚁蛀空的朽木组成，稍用力一推，门就会有些摇摇欲坠，还会'哗哗'掉下一团团黑乎乎的粉末。进门后就是房子唯一的公共区域——饭厅，里面摆放着一个破烂的老碗柜、一张缺了一只脚的老饭桌和几个更加老旧的破凳子。走过饭厅，就是两间连着的里屋，我跟奶奶睡一间房，爷爷独自睡一间房。在我的记忆当中，除了爷爷奶奶外，很少有爸爸妈妈和姐姐弟弟的影子。另外，虽然跟爷爷奶奶住，但是他们也很少跟我互动，因为他们有忙不完的农活，每天都是早出晚归。"

> 你也看看五岁的你，自己最经常待的地方是哪里？是在房间，还是在饭厅，或是在哪里？你看一下五岁的自己，长什么样子？是理着光头，还是理着小平头，或是绑着辫子？你看一下那时候自己的穿着打扮。

"所以我的童年时光，大部分时候都是自己一个人待着，自己跟自己玩。累了就望着蓝天，席地而睡，饿了就去爷爷奶奶家的饭厅里找吃的，那时，剥开新鲜带壳的花生米沾着酱油，就着粥吃，是最美味的餐食。有时为了和邻家的小朋友们打成一片，我也会跟他们一起模仿武林高手。但我还是最喜欢一个人待着，坐在村口的大岩石上面，望着远方，好奇着外面的世界。"如烟继续回忆着，"我已经不记得自己五岁时的样子了，发型也很模糊。也不记得有没有洗过澡或洗过头，好像都没人给我洗过。长久以来，我都是只穿着小裤衩，成天赤脚玩耍着。就像一个没人管的野孩子。"

"不想爸爸妈妈吗？"咨询师询问道。

"不想，因为那个时候，对爸爸妈妈根本没有什么概念。记事以来，对妈妈最深刻的一次记忆是，三岁那年，妈妈生了弟

弟，在爷爷奶奶家坐月子，我站在屋外，透过蚊帐第一次见到了妈妈。而对爸爸的概念来自于，有一天爷爷告诉我，爸爸在乡镇上给我买了一双鞋。这可能是我人生中的第一双鞋子。但是等了很久也没等到。人生中我第一次好奇——爸爸、妈妈、姐姐和弟弟，他们是谁？他们长什么样子？他们为什么不来看我？爷爷奶奶说，他们都生活在乡镇上，生活在一起，而只有我被留在了这里……"说到这，如烟有些哽噎，沉默了一会儿说："是啊，为什么只抛下我一人。原来我无忧无虑的童年背后是孤独、疏离和被遗忘。"

如烟的神情开始凝重起来……

> 邀请自己，慢慢走进自己、靠近自己，或是抱着小时候的自己。跟她说说话，说："我回来了，很谢谢有你，不管小时候是快乐的，或是悲伤的、难过的，都因为有你，才有今天的我，很谢谢你。"

结束这段冥想后，如烟再也压抑不住自己，号啕大哭起来……

情绪平稳后，她说："我感觉不到被爱，为什么不爱我还要生下我。这是我从未有过的感受。"

"那此刻，你想对小时候的自己说些什么？"咨询师问道。

"我想对你说，我回来了，我想先抱抱你，然后洗掉你满身的泥巴，洗干净你乱糟糟的头发，绑上两条小辫，给你穿上新鞋，送你一根棒棒糖。最后，牵着你那长年冻裂黝黑的小手，一起坐在村口的大岩石上，眺望远方……"

你开始告诉她，你现在的生命故事。

跟随着引导语，如烟开始试着把自己的境遇说给小时候的自己听："也许你还听不懂我所说的内容，但是此刻，我却只愿意与你分享。"

五岁的如烟，宛若已经听懂了似的，跟二十七岁的如烟相视而笑。

如烟继续说道："现在的我外表看似活泼热情，实则内心是孤独冷漠的。我一直都在渴望得到爸爸的认可，几乎用尽了所有的时间来证明自己。但是最近才发现，我好像做错了，而且还不知道错在哪里。我那么努力地工作，真诚地对待身边的每一个人。为什么公司领导不提拔我？是因为我不懂职场规则，还是因为我太单纯地相信付出就会有回报？为什么男友不理解我？是我不够爱他，还是他不够爱我，又或是我们根本就没有相爱过？为什么爸爸不体恤我？是害怕我放弃，还是害怕我回去会拖累他？我已经没有了坚持的理由。你说我该如何抉择？"

五岁的如烟似懂非懂地看着她，傻笑着说："你很棒！"。

"我很棒？"如烟问道。

五岁的如烟，点头称是。如烟已热泪盈眶，她一直在寻求

别人的肯定，当得不到肯定时，她的自信就会完全崩塌。她自己却从未真正肯定过自己一次。这是她出生以来，仿若第一次倾听到自己内心对自己的肯定。

"谢谢有你。"

> 告诉她，小时候对你现在的影响。有哪些影响是你可以预料的，有哪些影响是你没预料到的。

"小如烟，还记得吗？你喜欢在草地和山坡上奔跑，与天地万物为友，喜欢蓝天、白云、大树、野花和小草。累了，就以天为被，以地为席。你相信这世间一切的美好，即便父母姐弟都不在你身边，你还是活成了一株小小的野草，坚毅地生长着。所以，到现在为止，我都保持着野草般的生活态度，即使生长在荒芜之地，只要有一口气，就能存活下来，活在砖缝里、岩石下，甚至悬崖边。但是最让我没预料到的是，忍受着一切恶劣的环境，朝着自己认为对的方向去努力，结果却是，始终得不到他人的认可。这已经让我开始动摇、怀疑，甚至否定自我。"

"你自己认可你现在所做的一切吗？"咨询师问道。

这句话，有些把如烟问倒了，因为她从未想过。从六岁半回到父母身边一起生活开始，她就已经失掉了自我，因为她太想融入那个陌生的家了，她害怕再一次被父母抛弃，所以开始努力长成父母期待的样子。虽然她继续保持着野草的坚韧不拔，但是却丢失了野草的自我肯定。想到这，她恍然大悟，挣扎地说："这种自我认可，我从六岁半以后就从未有过。其实想想，我还蛮羡慕五岁时的自己，虽然生活条件差了些，但是至少不伪装，活出了真实的自我。"

你希望小时候的哪些部分能继续陪伴着你？你希望找回哪些被你遗忘的部分？

"时间给我换了一颗懂得感恩的心。我很感恩爷爷奶奶没有抛下我，虽然他们很忙，他们跟我的互动也不多，但是每次奶奶唤着我独有的昵称——"阿乖"时，我感觉自己就是这个世界上最幸福的人。所以，从记事起，我一直很乖，从未哭过。哪怕被邻家小朋友欺负、被他们嘲笑是没爹没娘的孩子，我都未曾流过一滴眼泪。我不希望给爷爷奶奶添麻烦。因此，我希望这颗懂得感恩的心能继续陪伴着我。"

五岁的如烟这种过早地懂事，过早地注重他人感受，是以牺牲这个年龄应该得到的宠爱和关怀为代价换来的。因为她即使哭泣了，也没人会在乎和疼惜，所以她不得不坚强。她这些行为的背后还是害怕被抛弃。

如烟继续分享着："我希望找回父母对我的爱，哪怕一点点。我父母有没有回来看过我？有没有关心过我？爷爷跟我说的那双新鞋，爸爸真的给我买了吗？"

如烟低声啜泣，停顿了许久……

"小时候的我，虽然习惯了一个人，享受着只属于一个人的无忧无虑，但是每次去同伴家玩耍时，我还是很羡慕他们有父母和兄弟姐妹的陪伴，一家人躺在一张大床上或地铺上，聊天、看黑白电视。刹那间，我很落寞，因为对我来说，一家人在一起是件很奢侈的事。父母兄弟姐妹对我来说，真的是一个模糊而遥不可及的存在。"

时间过得很快，你需要和小时候的自己告别了。离开前，你想对小时候的自己说些什么？

"小如烟，贫穷的生活环境没有让你低头，困境中的你依然抬头看天，眺望远方。即便你像野草那样渺小卑微，也从未放弃过探索未知的世界。你真诚、善良，你坚毅、勇敢，你真的很棒！但我又很心疼你，你才五岁，真希望你能像其他小孩那样，可以撒娇，可以任性，可以哭闹……"

再次告诉小时候的自己："谢谢你，我会回来看你的。"慢慢地走到小时候的家门边，回眸再往家里看一看，跟小时候的自己挥挥手，在踏出家门后，你又看到了刚刚那只蝴蝶。蝴蝶又舞动翅膀，飞了起来。你又跟着蝴蝶，穿越农村、穿越乡镇、穿越城市、穿越高山、穿越平原、穿越溪流、穿越田野、穿越时空隧道，慢慢地回到现在这个房间。好，如果你感觉自己已经回来了，就慢慢地把眼睛睁开，让我知道你回来了。

如烟张开眼睛后，眼神有了些许变化，从最开始的迷茫焦虑变得笃定明朗。咨询师紧接着引导如烟讨论整个幻游的经验和感受。

"如烟，你回忆一下今天的整个探索历程，如果你的心中，涌起三个词汇，那会是什么？"

如烟思索了一会儿，说："自我认可、感恩和渴望爱。"

"当这三个词，在你脑海里清晰地出现时，你的内心又会涌起怎样的感受？"

"我想要回到那个无忧无虑，懂得享受生活，心怀远方，不是活给别人看，而是活给自己看的自在状态。"

建立咨询关系是生涯咨询的基础。关系建立后，咨询的重点就需要聚焦到探索来访者的生涯问题上来了。

在这一幕中，咨询师使用了"童年幻游法"启发来访者思考生涯问题源自理想与现实间的落差，引导来访者在梳理中厘清自身生涯问题的核心。"童年幻游法"是幻游技术（又称为引导式幻游）的一种，它是用冥想的方式，带领来访者一步步走入自己童年生活的环境，再一次与童年的自己和童年生活的景象相遇。来访者小时候的生命事

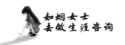
件重新浮现出来，可以反映其丰富的内在经验，包括对自己、他人和周遭环境所持有的主观态度，进而探索内心的需求和价值。当然，幻游技术还可以消除来访者过当的心理自我防御，以便迅速进入咨询情境。

咨询师（或电影创作人）就有这样的能力——到了人生的低谷，如何让来访者（演员）有所觉察和改变？很简单，那就是把时间"回拨"，让来访者（演员）可以"重活"、反思过去，让他们有机会看见自己的限制与遗憾，更看见自身克服困难的优势和资源。

美国明尼苏达大学教育心理学系咨询心理学教授汤玛斯·M. 史考夫荷特（Thomas M. Skovholt）于 1974 年最早将幻游技术引入生涯咨询当中，并在 1977 年对其应用做了系统化的整理，把它初步分为放松、幻游和经验分享三大步骤。此后该技术在生涯咨询领域经过二三十年的发展已逐渐成熟，实施环节又被细化为引导、放松、幻游、归返和讨论五个部分。这个技术还可以投射未来的生涯憧憬。你可以翻到本书第十一幕进一步了解。

咨询师值得注意的是，第一，引导阶段，除了简要介绍幻游技术外，咨询师还需要检核来访者是否适用该技术，依据相关文献，约有四分之一的人无法在第一次便进入幻游。第二，放松阶段，放松目的在于让来访者身心得到安顿，所以场地必须安静不受干扰，空间温度适切，因为放松后毛孔张开，容易感觉寒意。第三，幻游阶段，咨询师要以轻柔舒缓的音调引导来访者在渐进、安全的气氛下，进入生涯幻游情境。而且每个幻想的场景时间要足够，转换场景及角色亦需要缓和，以让来访者能有足够转换的时间。第四，归返阶段，来访者重新回到此时此刻的现场，即幻游的结尾阶段。所以结束时必须注意逐渐引导来访者渐渐离开幻境，让其逐渐觉察自己当下的身体感觉，回到实境。第五，讨论阶段，最重要的是咨询师引导来访者在安全和支持的氛围下，讨论幻游的经验及感受，注意千万别把来访者弄到精疲力竭。本书考虑到读者阅读体验，将讨论的部分融入到了幻游阶段。

你不妨跟随文中咨询师的引导词，也尝试一下与五岁时的自己联结，看看那时候的你已经拥有了哪些优势和资源？

_____

_____

_____

_____

_____

_____

_____

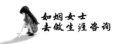

第二幕　讨好，只是为了不受伤害

童年重大生命事件探索法

过去的我们无法选择，但是现在的我们
已经长大了，可以自己选择未来。

一周后，如烟如约来到了咨询室。相较于之前倦怠颓废的状态，如烟这一次的精气神不错。她主动告诉咨询师自己这一周的变化。

"上周咨询结束，我就下定了决心要直面问题，而非一味逃避。所以，在失联近一个月后，我拨通了公司领导的电话，打算为自己的失联负责，任由公司处置。我早已有了被开除的准备。没想到公司已为我的失联焦头烂额，这个月是跟老客户续签的关键月份，大部分我所对接的老客户，因为不是我对接业务，而选择不续签。新客户的开发量又很少，所以，业绩惨淡。领导正发愁如何解决困境，正好我拨去了电话……领导并未过多指责我，我也未做过多的解释。我用一周时间解决了老客户的续签问题。昨天，领导也破天荒地夸奖了我一顿。老客户对我的信任，也让我看到了自己一直坚守的价值——用心做事和真诚待人的回报。我从未如此这般为自己骄傲过。"

"那这次你希望聊点什么呢？"咨询师好奇地问道。

"上一次您带我直视了五岁时的自己，我想继续聊聊回到父母身边之后的事情。因为此后我就仿佛丢失掉了自己，不再那么快乐了。"

"你大概什么时候回到父母身边的？"

"我记得是六岁半的时候，因为要上学了，所以才被父母接到了乡镇上。人生中第一次来到了那个我既向往又生分的家，这里比爷爷奶奶家的房子好太多了，一座砖瓦平房，屋内的陈设也更加多样，还有一些简单的装饰。走进房屋大门，地面是

水泥地面，好平整。我一直低着头，爸爸简单介绍之后，我才小心翼翼地抬头，看见了久违的妈妈、大姐、二姐和弟弟，这是我有记忆以来，第一次这么正式地跟他们相见。他们并没有像我想象的那样热情地迎接我，而是冷冷地对我寒暄了一下，就开始各自忙碌起来，这让我有些失落。我不知道该怎么融入这个家。就这样，我在各种尝试中，慢慢地形成了'讨好'的应对模式。我不清楚这样做到底对不对，但是自己至少不会受到太多身心上的伤害。"

"你在这个家里的感觉如何？"咨询师继续提问道。

"我感觉自己就是一个外人。直到今天，我都不知道该如何去跟他们相处。对我来说，他们就是最熟悉的陌生人。"

鉴于如烟这般迫切的期待，咨询师选择继续带领她探索童年。

> 我们今天会继续走进你的童年，回顾你童年时期的重大生命事件，通过梳理这些事件，可以帮助我们了解我们与社会互动的行为模式。所以，请你认真回想一下自己十二岁以前发生的事情，从中找出三至五件印象最深刻、对自己影响最深远的事情。

如烟陷入了沉思……

"如果说十二岁前，令我印象最深刻的一件事情，就是我刚回到父母身边没多久，上小学五年级的大姐，某一天回家后，哭着跟爸妈说，她再也不去学校上学了。原来念小学这五年来，由于体型肥胖的缘故，她一直遭受着校园霸凌，早已无心学业。但是因为爸妈一直忙于生计，从未真正关心过她，一直是用棍棒来回应着大姐每学期的超低分成绩。本以为爸妈会安抚受伤的大姐，但没想到，爸爸却把大姐五花大绑，还拿起棍棒跟妈妈轮番上阵。特别是爸爸，边打边哭边训斥告诫着大姐，读书多么重要。我第一次深刻意识到，学习是这个家庭最为看重的事情，尤其是作为一家之主的爸爸。这也是我回来后，第一次看见爸爸发这么大的火。"

"此时此刻，你对这件事情的感受如何？"咨询师发问道。

"只有得到了爸爸的认可，才能真正被整个家庭接纳。"

"这种感受对你有什么特别的含义吗？"

"让我看到了希望，改变现状的希望。"

"在这种感受背后，隐藏着什么感受？"

"其实我会觉得有一点点难过，因为我不能再单纯地、自由自在地活着，需要不断察言观色、敏感细心地活着，毕竟我不想被家人讨厌，期待与他们更亲近。"

"还有什么事情让你记忆犹新的吗？"咨询师继续引导着。

"在家里生活了一段时间之后，我发现虽然爸爸在家中是绝对的权威，但每天早出晚归地在外忙碌，根本无暇管理家里面的琐事。因为我们大部分时间是跟妈妈在一起的，所以妈妈成了我们心灵上唯一的依靠。然而，妈妈的情绪也成为我们家庭气氛的风向标。毫不夸张地说，我最害怕妈妈情绪低迷的日子，

025

直到现在回想起来，都会浑身颤抖。也许是长久的生活压力，加之家务繁重，妈妈每天都会有数次大的情绪波动，特别是我们姐弟犯错的时候。经常是一个犯错，全部挨骂。因此，只要妈妈的情绪上来了，我总是会先躲起来，因为我知道即使自己没有犯错，也可能被妈妈的情绪波及而皮开肉绽。这些生活经历，都让我明白，只要表现得乖巧懂事，就不太会受罚。"如烟边回想细述边打了个冷战，"而令我至今都难忘的是，每次妈妈带姐姐和弟弟出去逛街或买菜，我都会主动承担起看家的职责，进屋拿一个凳子，一动不动地坐在家门口，直到他们回来。有时候一坐就是七八个小时，甚至太阳都落山了。有时想想，自己比一只看家狗还尽责。我很享受，每次妈妈回来后的赞许和认可。特别是，她当着姐姐弟弟的面对我的夸奖，更让我倍感自豪。"

成为乖孩子的代价就是，我们不能再随心所欲地做自己。因为"乖"就意味着我们要竭尽所能地去做符合大人期待的事情。

"你记得当时你有什么感受吗？"咨询师追问道。

"我很开心，因为让他们看到了我的价值。对他们来说，我也是有用之人。"

"当时没有想过跟妈妈一起出门吗？"

"没有。"

"有什么特定的理由吗？"

"因为我有自知之明，她不会带我出门的。她习惯了只带弟弟，偶尔带姐姐，但却从来不会带我。"

"所以说，不是你不想去，而是你根本去不了。对吗？"

"是的。"

"那你有跟妈妈直接表达过需求吗？"

"一次都没有过，因为在被爱和被需要这一块，我是很被动的。我已经习惯了被忽视。"

"时过境迁，回头看这段经历时，你有什么感受？"

"爱与被爱已经变得没那么重要了，只要不伤害我就行了。"

"那我很好奇，这件事对你今天的价值是什么？"

"原来被需要是我最在意的，而讨好已经成为我寻求被人需要的重要方式。"

"除了上述这两件事外，还有吗？"

如烟又想了一会儿，说："还有一件事，可以说是对我今天影响最大的事件。自从大姐辍学在家，二姐也无心学业。爸爸已经失望透顶。爸爸最看重我们的学业，希望我们能通过读书学习，出人头地，改变命运，让家族荣光。此时，尝试了无数次靠近却始终得不到妈妈更多关爱的我，开始把讨好的矛头转向了爸爸。相较于妈妈来说，爸爸是非常可亲的。他和我说话时会很温柔，会不时关心我，还会偶尔夸我。他很懂得发现我的闪光点，在肯定我的同时还不忘给我期待。所以，我慢慢地就按照爸爸的期许去努力，同时渐渐地远离妈妈，只要不惹她生气就行。因此，从上小学三年级之后，我开始调整了自己的作息，跟爸爸的起床时间同频。爸爸每天都是凌晨 3 点起床，3

点半准时出门务工。我会精准地抓住这 30 分钟的时间，有时大
声朗读课本，有时拿起粉笔在水泥地面上写字。虽然当时我的
学习成绩也不好，但是这样的举动却引起了爸爸的注意，他开
始对我越发关注起来。爸爸的关注也让我犹如神助，开始奋发
上进，等到小学毕业考试时，我超常发挥，顺利考上了乡镇上
最好的初中。爸爸拿着我的成绩单，乐开了花，还向街坊邻里
们炫耀。后来，虽然我初高中时的学习成绩平平，最终也只考
上了一所很普通的大学。但相较于更让他失望的家中独子——
我的弟弟，爸爸至今仍寄予我光宗耀祖的厚望。"

"这是你熟悉的一种感受吗？"咨询师继续引导如烟向内探
索着。

如烟笑了笑，咧着嘴说："非常熟悉。"

"这个感受是什么？"

"讨好，只为寻得爸爸的认同。"

"这种感受是否让你想起过去的某一时刻？"

"我记得高考时，考的分数不是很理想。爸爸回到家并没
有指责我，而是拿起学校发的《高考志愿填报指南》一页页地
认真阅读，希望帮我选一个好的专业。可妈妈见状，气急败坏
地把指南从爸爸手中抢过来，全部横着撕开，然后重重地摔在
地上说，考这么差，还念什么大学，女孩子读那么多书有什么
用？将来嫁个有钱的男人就好了。妈妈的话语深深地刺痛着我，
但我却无力反驳。只见爸爸起身，捡起撕烂的指南，很仔细地
用胶布粘贴好，继续研读起来。我真的非常羞愧，没有考得更

好，让爸爸骄傲。全程只能埋着头，揉眵抹泪。我深深为自己初高中的不上进而懊悔，也暗暗地下定了决心，今后绝不辜负爸爸对我的殷切期望。"

"此时此刻，你有什么样的发现？"

"我发现活成爸爸期待的样子就是我的人生目标。我虽然赢得了爸爸的信任和认可，但是随着大姐、二姐和弟弟都陆续放弃了完成学业这一发展路径，家族发展的重担早已落到了我的肩上。所以，我给自己也施加了巨大的压力，我没有退路，必须样样得第一。大学毕业 6 年来，换过两次工作，每一份工作我都竭尽所能地去做到最好，但都未达到过爸爸所期待的成功。"

"那你爸爸期待的成功是什么？"

"虽然没有明确问过，但是我能感觉到爸爸希望我能从事一份有社会地位的工作，同时还要能挣点钱。"

"那你想要的成功又是什么样的？"

"我并不是很喜欢现在做的销售工作，但是销售挣钱快，这是爸爸看重的。其实我最喜欢的是做舞蹈老师，我的第一份工作就是在一所中学担任舞蹈老师。虽然才一年时间，但是每次从选择音乐，编舞，再到带领同学们练舞，直至最后登台表演，我都很享受，至今记忆深刻。学校也因此获奖无数，领导和家长们都对我赞许有加。最开始爸爸还是很支持我的，因为教师有足够高的社会地位。可是因为挣钱少，每月还需要爸爸资助才能勉强过活，故而不得不换工作。所以，我现在想要的成功就是能做自己喜欢的事情，衣食无忧，还能贴补家用。"

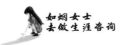

"你愿意再多说一些你的这个感受吗？"

"我终于发现，我为什么感觉过得不再快乐，已经丢失自己了。从我回到这个家之后，为了融入他们，开始委屈自己，讨好爸妈，以爸妈的需求为重……我最害怕冲突和争吵。"

"你决定怎样处理你的这种感受？"

"我想跟爸爸好好聊一次，试着说出自己的真实想法。"

"那你想对爸爸说些什么？"

"爸爸，谢谢您，是您点燃了我无限的可能，照亮了我一路前行的方向，成就了我一次次的进步与成功。每当我在学业或工作上有些许的进步，我都迫不及待地与您分享，就是为了听到您的赞许、鼓励及宽慰。而这些都成了我接下来前进的动力。但是爸爸，这些年我们父女间的所有沟通都是我的学业或事业……我知道您要的是成功这个结果，所以我历来都是报喜不报忧，对自己要求苛刻，不允许自己有一丝松懈与失败。把所有的心酸和委屈都咽到肚子里去。我多么想与您成为'真正'的父女，可以向您撒娇，可以任性，可以失败时向您哭泣。而您能包容我的坏脾气、缺点，甚至失败，能看清我依然不放弃我，能心疼我、鼓励我，甚至支持我去做自己喜欢的事情。"

如烟如释重负地长叹一口气，这是二十七年来，她首次对外吐露这些心事。

童年的重大生命事件一向被视为一个人的心理"投射"，是我们不自知但有目的的一个选择，它会揭露我们如何跟社会打交道的行为模式。这一行为模式就像自动运行的程序，会在我们的人际关系和学习工作中一再重复。

说了这么多，通过回顾这三到五个童年时期的重大生命事件，你有发现自己在跟人互动时，相对固定的行为模式或相处模式吗？

如烟细想了一会儿，说："我发现自己跟他人相处的模式就是讨好。我总是尽量避免与他人发生争吵和冲突，害怕被别人拒绝，始终把友善待人作为唯一的行动标准。我觉得唯有奉献他人，自己才会被喜爱。就这样，在讨好中获得认同感和自我价值感。一旦事情进展不顺，就会觉得都是自己的错。所以，在家讨好父母，上学讨好老师，工作讨好领导……渐渐地从讨好父母的模式演变成了讨好所有外部世界的模式。我真的是在以鞠躬尽瘁的方式与人交往啊！"

"讨好一直陪伴了你二十七年，今天我一直在听你说讨好对你的伤害和负面的影响，难道它就没有给你带来帮助或产生积极影响的时候吗？"

这个问题把如烟给问懵住了，因为她从未从这个角度思考过。

"讨好的帮助？积极的一面？"她嘀咕着。

缓过神来，她发现，其实讨好也并不都那么坏，她说道：

"我一直坚信'说话要讨人喜欢,做事要令人感动'的人生信条。所以,讨好,让我在与家人的相处中避开了很多'雷区',少了很多责罚,保护了自己,多了份家人对自己的认可;讨好,也让我在与同学和同事的相处中,获得了和谐、尊重与理解;讨好,更让我在与客户的交流中,一切以他们的感受与需求为中心,为其解决问题,最终赢得客户信任。总而言之,讨好让我不停地提升自我,在与人相处中优先考虑别人的感受,做到理解与帮助别人,不起争执,进而得到别人的认可与尊重,把'人'做好,才能更好地把'事'做好。"

说完,如烟粲然而笑,她从未如此接纳过讨好,很满足地离开了咨询室。

曾有人说过,幸运的人用童年治愈一生,不幸的人用一生治愈童年。

发展心理学认为,儿童期是我们心理和行为方式形成的关键期与敏感期。所以,童年的生命事件,往往会对我们产生重大影响。但是,很多人对自己受到哪些重大生命事件的影响并不清楚。因此,透过对这些重大生命事件的反思,可以了解我们的生活世界,以及知道我们如何跟世界打交道的行为模式。

在这一幕中,咨询师使用了"童年重大生命事件探索法"协助来访者觉察童年时期曾经发生过的生命事件及其对自己的影响。这个技术是根据生涯叙事理论的提出者赖利·寇克伦（Larry Cochran）于 1997 年在《叙事取向的生涯咨商》（*Career Counseling: A Narrative Approach*）一书中介绍的"生命线"工具修改而来。

英国心理协会的注册心理治疗师罗西·马奇-史密斯（Rosie March-Smith）在《拥抱你的内在小孩》里说过，每个人小时候大致都经历过一些创伤，没有一个孩子的成长过程是完美的。而这些创伤中最大的挫折是不被支持做原来的自己，而被制约成为父母、老师，甚至整个社会所期望和要求的人。美国资深心理治疗师彼得·沃克（Pete Walker）在《第一本复杂性创伤后压力症候群：自我疗愈圣经》一书中更是提出，这些童年创伤会造就四种生存模式，分别是"战"（即攻击，"你骂我，我就骂回去"，批评他人、挑别人毛病，不断抱怨、指责等）、"逃"（即逃避攻击，采用逃跑、漠视、打岔或离开等方式）、"僵"（即愣住，意识到反抗无效，故僵在那里，无法动弹）和"讨好"（即关系依赖，采取妥协、取悦或提供帮助等方式）。

而在面对问题或冲突时，"战"的习惯反应是"只要我再给对方更多的压力就可以解决问题"；"逃"的习惯反应是"只要躲过一时，问题就会自己消失"；"僵"的习惯反应是"只要我不做任何回应，静静待着，就能解决问题"；"讨好"的习惯反应是"只要我再多努力一点点，问

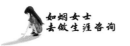

题就可以解决"。

彼得·沃克进一步指出,这四种生存模式在我们身上都可能发生,但是由于受到童年创伤事件、出生方式、喂养方式、抚养人、个体性别、出生排行以及先天体质差异等影响,我们会优先选择其中一种生存模式。从这一幕中我们可以看出,如烟优先选择的生存模式就是讨好。

也许有人会把讨好作为绝对的负向词汇。因为讨好意味着牺牲自己、成全别人。难道讨好之人就一无是处吗?其实,讨好也会让人成长。为了讨好,不得不提升自己以达到别人的期待和要求。所以,我们要试着协助来访者去反思这些讨好行为背后的收获,肯定自己在这些经验下的受益,这样来访者才能真正建立自信和自尊,战胜自我怀疑,即讨好。正如家庭治疗大师维吉尼亚·萨提亚(Virginia Satir)所说的那样:"我们不能改变过去,但是我们能改变过去对我们现在的影响。"因此,我们要学会用不同的观点去看待过去已经发生的事情,为未来注入希望与信心。

你不妨跟随文中咨询师的引导词,也尝试回忆一下童年时期的三至五个重大生命事件,然后停下来想一想,自己优先选择的生存模式是哪一种?

童年重大生命事件 1：

_____

_____

_____

_____

_____

_____

_____

童年重大生命事件 2：

_____

_____

_____

_____

_____

_____

_____

_____

童年重大生命事件 3：

_____

_____

_____

_____

_____

_____

_____

_____

_____

童年重大生命事件 4：

_____

_____

_____

_____

_____

_____

_____

_____

_____

_____

_____

童年重大生命事件 5：

_____

_____

_____

_____

_____

_____

_____

_____

_____

_____

_____

_____

_____

_____

_____

你优先选择的生存模式是：

☐ "战"

☐ "逃"

☐ "僵"

☐ "讨好"

第三幕　不曾拥有，又何来失去

早期回忆法

我们无法改变过去发生的事情，但是这
些事情却会被我们所定义，赋予它意义。

如烟因为要回老家参加弟弟的婚礼，我们暂停了这周的咨询。

又过了一周后，如烟准点来到了咨询室。她面容憔悴，精神极度萎靡，像是被打回了原形，回归到了第一次来咨询室的状态。

"如烟，感觉你今天的精神状态不太好，发生了什么事情吗？"咨询师主动询问道。

如烟一副欲言又止的样子。

"我有一段一直不愿向人提起的回忆。"几分钟后，如烟终于开口了。

画面仿佛又静止了一会儿。

"我一直不敢相信，但这却是事实，其实我不是家中的第三个孩子，而是第四个。我的第三个姐姐，出生后没多久，就……"如烟有些哽咽。

"送走？"咨询师有些疑惑。

"是啊！我们无法主宰自己的命运。可悲吧。"

"你爸妈当时的态度呢？"

他们也很无奈，毕竟那时候家境太贫困了。

"至少他们没有送走你。"

如烟摇摇头，说："其实我也好不到哪儿去。我刚出生不久，就跟着爷爷奶奶在乡下的老家生活。我是在没有母爱和父爱的环境下度过了自己的幼年时期。现在回想起来，也难怪我没有被亲人洗澡、洗头的记忆，毕竟没有人会在意我。"

"在命运的不公面前，你真的很坚强。"

"我是不得不坚强。跟爷爷奶奶生活后，我只能小心翼翼地过活，因为我害怕爷爷奶奶厌烦我。甚至在我五岁半到六岁半的时候，爷爷奶奶把我送到了距离乡镇更远的姑姑家，帮着姑姑带孩子。我至今都不理解，为什么要把我送到姑姑家，毕竟那么小的我，什么也帮不上。那一年也是我最想念爷爷奶奶家的一年，我总期盼着能回去。直至六岁半被父母接回乡镇。"

"你记得当时你有什么感受吗？"

"我就像个没人要的孩子。爸爸妈妈不要，爷爷奶奶不要，姑姑不要……最后只能由父母接回。"

"恨家人吗？"

"没有，更多的是感激。因为他们最终没有抛下我。特别是爷爷奶奶，他们已经去世多年，都是因为生病，没钱治疗。我多想找机会对他们尽一些孝心，感谢他们对我幼年的照顾。"

"你真的很为别人着想。"咨询师回应并继续问道，"你今天述说的这些内容，时间都非常早，都是你生命早期的事情，我很好奇，它们都是你自己记忆中的吗？"

"除了去姑姑家和回到父母身边的事情是自己清晰记得的，其他都是听妈妈跟姐弟和我闲聊时说的。"

"你妈妈是在你多大的时候，告诉你们的？"

"大概是我上小学四五年级的时候，初中的时候也说过，反正说了好几次，而且是跟不同的人在聊，很轻松地聊。"

"听到妈妈的述说，你当时有什么感受？"

"她是当作茶余饭后的笑话来说的，大家都很开心，我也是。不过，我是庆幸我还活着，跟着笑了。因为没有尝试过幸福是什么滋味，没有体验过被呵护、被需要、被爱、被尊重，所以那时听到，觉得自己幸亏活下来了。"

"现在呢？"

"我感觉很无奈，已经习惯了。我也无力改变什么。"

"那你想改变的是什么？"

"你们可以不爱我，但是不要过度影响我现在的生活，可以吗？"如烟嘶吼着说道。

"他们影响了你什么？"

"现在我每月的收入，除了基本的生活开支，剩下的都寄回了老家。这次弟弟结婚，我妈要求每个女儿必须上一万元的礼钱。我没有存款，只能透支信用卡。这已经不是第一次了。这几年跟我妈的冲突皆因弟弟而起，弟弟买车、换车、投资项目、买房，都要求我们女儿支持。我们这些女儿，似乎都是为了满足弟弟的需求而存在。"

"那你对今天咨询的期待是什么？"

"我就想了解一下，自己存在的价值是什么。我现在已经失去了奋斗的动力，现在除了满足家族的价值，我好像一无是处。我也想好好为自己活一把。"

> 我们每一个人的独特经验会形成一个或两个生命主题，它是我们生命中最关心和最看重的部分，可能代表我

们需要解决的问题，也可能是需要我们满足的需求。这些主题可能很早就根植于我们的记忆当中。因此，通过我们的早期回忆，特别是我们最早的记忆，会让我们了解自己对生活的信念和成长的使命。

　　什么是你最早的回忆？请你说说三到六岁或者七到十二岁之间发生在你身上的三个故事，你现在能记起的最早的三件事情。每个故事都要描述清楚背景、过程和结果。

　　"我现在能记得的最早的一件事情，是在我三岁的时候，妈妈刚生下弟弟，到爷爷奶奶家坐月子。那也是我出生后记忆中第一次见到妈妈。"如烟内心五味杂陈地说着，"印象最深刻的一幕是，我在院子里独自玩耍着，偷偷望着里屋，屋子的门槛很高，一张很高的床，透过蚊帐，朦胧间看见妈妈正在给弟弟喂奶，好温暖、好温柔。我喃喃自语地重复道，那个应该是我的妈妈，那个应该是我的弟弟……"

　　"跟妈妈有互动吗？"

　　"没有，全程就这样静静地看着。妈妈没有走过来，我也不敢靠近。"

　　如果用一张最生动的照片来代表那段记忆，照片里会有什么？

"照片里拍摄到的是一个小女孩的背影，她站在院子里，踮起脚尖，偷瞄着里屋，对屋内充满着好奇，远处的屋内光线很暗，隐约能看见一张罩着白色蚊帐的高床。"

从这段回忆中，你可以看到自己有哪些优势和资源（如能力、社会资源、人际资源等）？

"我根本看不到自己有什么优势和资源，因为我觉得自己就是一个局外人。"

如果刚才的故事有个篇名，你会如何命名？会是什么标题？必须像是报纸或海报的标题一样，标题中最好有一个动词。标题会从动词中得到能量，就如同生命会从运动中获得能量。

"嗯……我能想到的标题是，观一段遥不可及的关系。"

"接下来，我会问你一些问题，让你有机会真正明晰和正视自己生命当中可能隐藏着的生命主题。"

如烟点头会意。

"观一段遥不可及的关系是怎么吸引你的？"

如烟沉思许久，说："妈妈好温柔地抱着弟弟，对弟弟好有爱、好呵护啊！这对我来说，就是一件很奢侈的事情，可望而不可即。我都不记得，妈妈有没有抱过我、摸过我、亲过我。"

如烟的眼里闪着泪光。

"观一段遥不可及的关系为何对你这么重要?

"因为我渴望一段触手可及的关系,我好想得到那份温暖,但现实中却不可能拥有。我从小时候有记忆开始,感觉自己就是一个没有家人的人,一直都是一个人的状态,去哪儿都是一个人,做啥事都是一个人,生病了、跌倒了、受伤了……都是自己一个人去面对。其实我内心非常害怕、恐惧,但是却没人来帮我,只能自己去克服,也不知道自己是怎么熬过来的。"

"对你来说,观一段遥不可及的关系代表了你身上的什么特质或价值?"

"谨小慎微地去讨好别人,为了得到别人的认可。同时贪念别人对我的好。只要对我有一点好,我定会加倍回报。"

"在你身上,观一段遥不可及的关系说明了什么?"

"它说明了我是一个可怜的野小孩。"如烟无可奈何地笑了笑。

"观一段遥不可及的关系的重要性或价值,会让你想到什么?"

"想到了……做什么事情,都要自己去争取,都要靠自己去拥有。因为没有人能给你真正的帮助和温暖。

"观一段遥不可及的关系跟你的未来发展有什么关联?"

"因为没有人可以依靠,只能自己靠自己,不能放弃自己,纵使没有人爱自己,自己也可以爱自己。因为这个世界上只剩下自己对自己好了,我会更加珍惜自己的生命,珍惜自己的价值。我不要一味地想着自己悲惨的命运或社会对自己的不公，我要时刻带着一颗与人为善、感恩的心，永远都要相信生活的美好，这样的话，我才会很开心、很快乐！所以我必须要勇敢和坚韧，一个人也可以自信、自立、自强地活好，活出精彩。"

"一个人也可以自信、自立、自强地活好，活出精彩。"咨询师重复了一遍，接着说：“这个是不是你我生命中最关心和最看重的部分？"

如烟恍然大悟："是的，这是我最在乎的部分。"

"这就是你的一个生命主题，代表了一个你亟待解决的问题或是想达成的目标。"

如烟专注地聆听着，不时点头表示认同。

"那我们再来听听你其他的回忆吧。"

因为有了之前的探索经验，如烟急不可耐地说了起来。

如烟的第二个早期回忆，大概发生在她四岁的时候。还记得第一幕中她所说的村口的那个大岩石吗？从四岁后，她最常呆坐的地方就是那里，看着路上一辆又一辆汽车在自己的眼前疾驰而过时，她就好奇着远方，想着："这些汽车上都运载着什么？它们要去往哪里？我以后能去吗？"她期待着以后能乘坐这些汽车去看看……

而如烟的第三个早期回忆，也是在四岁左右。她第一次被奶奶带着去田间地头，奶奶在庄稼地里埋头干活，自己却在田坎上玩泥巴，累了就躺在地上睡觉，虽然跟奶奶全程都未有任何互动，但是如烟却很享受一个人的轻松、自在……

经过与咨询师的互动探索，面对这两个回忆，如烟也都表达了自己对美好生活的向往，都直指"一个人也可以自信、自立、自强地活好，活出精彩"的生命主题。

"通过对你三个早期回忆的探索，你有什么样的发现？"咨询师问道。

"我好像一直都是处于一个人的状态。虽然绞尽脑汁得到了爸爸的认可，开始莫名地背负起了兴旺家族的使命。但不论是上学还是工作，以后也都要一个人一往无前，没有退路。从早期自己对美好生活的真诚向往，到现在在活成爸爸期待的样子中迷失自我。所以，我发现自己一直缺少一个我真正想要实现的目标。"

"那接下来你有什么样的打算？"

"其实最近一些客户和之前的同事都在联系我，希望我辞去现在的工作，去他们那边。他们都很认同我的工作能力。"

"对他们提供的岗位有过了解吗？"

"了解过一些。"

"有什么想法？"

"有一些还是蛮心动的，比现在的工作有更多的挑战和更大的成长空间。不过还是有顾虑。"

"顾虑什么？"

"一是害怕爸爸不同意，二是害怕保证不了现有的收入，它们不像现在的平台这样如此成熟和稳定。"

"那此时此刻的想法呢？"

"我想放下这些害怕。毕竟我从来不曾真正拥有过什么，又何来失去呢？所以，不管爸爸是否同意，我都想去试一下。因为没有尝试和体验过，我永远都不知道自己真正想要的是什么。"

"怎么突然有了力量？"

"因为我找到了自己的生命主题。"如烟笑了笑，眼神坚定地说道，"因为一个人也可以自信、自立、自强地活好，活出精彩。"

中国有句俗话：三岁看大，七岁看老。可见一个人的早年经历对其一生的发展特别重要。广州白云心理医院首席心理专家沈家宏在其著作《原生家庭：影响人一生的心理动力》中指出，我们所经历事件的影响与我们的年龄成反比，即年龄越小，我们所经历事件的影响力就会越大。

在这一幕中，咨询师使用了"早期回忆法"协助来访者透过深嵌其意识中的经历和教训，识别自己的核心关注点和对生活的信念，进而找寻自己的生命主题。生命主题是我们用来表达自己的想法、价值观、态度或信念的词语，它们是由我们生命中的独特经验创造而来。也就是说，我们的生命故事可以帮助我们整合生命中那些让我们感到孤独、绝望、疏离或悲伤等碎片经验，我们会把这些经验编织成一个有意义的整体。故而这些主题像是故事中内隐的中心思想，往往代表了一个待解决的问题或是想达成的目标。所以，即使生命故事在表面上各不相同，但其

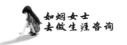

主题仍然保持着一致。由此可见，生命主题具有两个特征：一个是它们对我们非常重要，另一个就是它们会在我们的生命中反复出现，因为主题为我们提供了意义和目的。

这个技术是生涯建构理论的提出者萨维科斯于1989年根据奥地利精神病学家、个体心理学的创始人阿尔弗雷德·阿德勒（Alfred Adler）的早期回忆的观点发展而来。萨维科斯认为，我们最早的记忆，有点儿像我们人生故事开始的地方。这些记忆的浮现绝不是偶然拾得的，它连接了基于我们孩提时代所发展的性格和我们当下的需求，揭示了我们对自己、他人和世界的认知，我们都是依照这些认知来定位自己，指引着自己的生活与行为，引导着自己人生方向的选择。所以，生命主题是我们面对现实的基本解释，也是应对现实的方法。因此，对于咨询师而言，厘清来访者的生命主题，也有助于你理解他的思维过程和了解他目前可能有的生活态度。

当然，幼年时的我们由于自身认知发展的限制、知识和生活经验的匮乏，加之没有能力以较大的家庭、社会和文化脉络框架来理解事物。故而只能从自己的框架来编织故事，所以常常会造成事实的扭曲，也就是说，这些早期回忆不一定是完全真实的，只是小小年纪的我们信以为真罢了。但是故事本身真实与否并不重要，重要的是故事对我们的意义。

　　萨维科斯还指出，咨询师在使用该技术时，值得注意的是，来访者选择说出的这三个早期回忆，往往反映了他现在所处的困境和想在咨询中解决的问题。第一个早期回忆通常会指出和来访者最切身相关的议题，所以咨询师必须在第一个早期回忆中找寻与此议题有关的陈述。第二个早期回忆通常会重复那个切身相关的议题，并在第二个早期回忆中加以阐述。第三个早期回忆则通常代表着潜在的解决方案。

　　你不妨跟随着文中咨询师的引导词，也尝试回忆一下你最早的三个记忆，看一看你的生命主题都有哪些？

　　第一个早期回忆：

_____

_____

_____

_____

_____

_____

_____

_____

_____

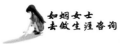

第二个早期回忆：

_____

_____

_____

_____

_____

第三个早期回忆：

_____

_____

_____

_____

_____

你的生命主题有：

_____

_____

_____

_____

第四幕　妈妈，您能不能爱我一次

家庭时间轴与自由书写

寻找被爱的证据，修复受伤的亲密关系。

66 在这个世界上，并不是每一个妈妈都爱自己的孩子，或者她们认为她们爱了，但是我们却没能感受到。妈妈，哪怕您能让我感受到一次您的爱，可以吗？"刚走进咨询室的如烟，无奈地自述道。

如烟深吸一口气，继续说着："小时候，我最喜欢的一首歌就是《只要妈妈露笑脸》，就像歌词中说的那样，只要您呀笑一笑，全家喜洋洋。我总在想，我的妈妈能不能像这首歌里的妈妈那样啊！但是我妈却很少笑，更少对我笑。从我回到这个家后，我每天都过得胆战心惊的，因为只要妈妈不开心了，我们都不会好过。"

"一周不见，有遇到什么事情吗？"咨询师见状，询问道。

"上周跟您聊完后，我请假回了一趟老家。跟爸妈摊牌了，说出了自己的想法，我的内心早已坚定，也没想过他们会支持我。本以为反对声最大的应该是爸爸，没想到却是妈妈。其实这次在回去前，我就跟爸爸在电话中深谈了一次，他对我的要求已有所松动。他完全没想到这些年我竟背负了这么大的压力。但是我妈却不同，因为让我活出自我，就意味着会伤及她的根本利益。她甚至扬言，如果我辞职，就跟我断绝母女关系。在家的那几天，她又开启了久违的无休止的'数落模式'，从小时候对我的养育成本，算到后面对我的教育投入。现在对她来说，难得我有了相对稳定的收入。如果现状一旦改变，对他们的生活会有很大的影响……每当听到这些，我总觉得自己不是她亲生的，当初我被留下来，似乎就是要成为他们赚钱的机器。

我知道自己不该这么想，毕竟父母已经年迈，他们也该有回报。但是从小到大她对我的言行，就未曾让我真正感受到母爱，她未曾真正为我考虑过一次。最可悲的是，我至今都没有被她抱过的记忆。"如烟说完，当场泪崩。

如烟换工作并没想象中的容易，最大的阻碍还是来自家庭。

待如烟情绪平复后，咨询师拿出了一张 A4 纸，用尺子在白纸上画了一条中线。让如烟回顾自己经历过的与家庭有关的重要生活事件，试着评估家庭成员间的关系。在这里，咨询师希望协助如烟来重点评估一下与妈妈的关系。

所有家庭都会经历积极和消极的生活事件。请你想出三到五件你跟家庭成员曾经一起经历过的积极生活事件（例如，你们曾一起经历过的快乐事件，共度节日、庆祝活动、一起完成某事的时刻、家人对你做的事让你又惊又喜的时刻、家庭旅游外出经历或其他有趣的时刻），以及三到五件你们曾一起经历过的消极生活事件（例如，你们曾一起经历过的伤心事件，严重争吵、被欺骗的经历或失落的经历）。注意写上事件发生的时间，并且给每个事件写一个标题，然后把这些事件分别按照发生时间的先后顺序标注在时间轴上相对应的位置。积极的事件标注在中线上方，消极的事件则标注在中线下方。离中线轴心越远，说明积极或消极的程度越强。（如图 4-1 所示）

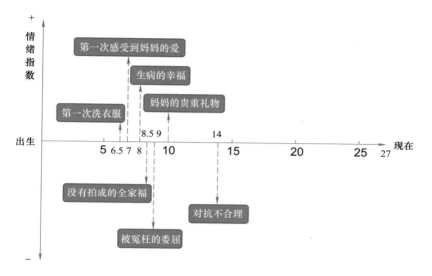

图 4-1　如烟的家庭时间轴

咨询师引导着如烟重点回想了曾经与妈妈一起经历过的重要生活事件。

如烟思忖了一会儿，拿起笔，先在中线上六岁半的位置，沿着中线上方不远的地方标注了一个点，写下了"第一次洗衣服"，说："我刚回到这个家时，因为爸爸每天都早出晚归，所以，和我相处最久的就是妈妈，为了讨她的欢心，我就开始学着自己洗衣服，也不知道自己洗得干不干净。后来，我妈逢人就夸我很勤快，会自己洗衣服了。每每听到她这样说，我就觉得自己是一个很乖的女儿，我妈一定很喜欢。"

"还有别的积极事件吗？"

如烟紧接着在中线上七岁的位置，离轴心相对较远的地方

标注了一个点，写下了"第一次感受到妈妈的爱"后，说："我以为跟妈妈的回忆，本应该没有积极的事件，但是当您问完后，我突然回想起来，在我七岁那年，上学前班（画外音：如烟因为六岁半才回到父母身边，所以她的入学时间比同龄人要晚一些）时，我一直想得到妈妈的关注，所以除了之前说的看家，我很认真地完成老师布置的作业，因此，练习本上基本上都是老师所评的高分，甚至满分。有一天中午放学回来，我很自豪又伴着些许战战兢兢，把本子拿给正在洗衣服的妈妈看。妈妈高兴坏了，觉得我很棒，迅速放下手边的活，擦干手，然后牵着我的手来到厨房，叫停了正在吃午饭的姐弟们，摸着我的头，对我一阵夸奖，并且让姐弟们少吃些，多留些饭菜给我。这也是我第一次感受到妈妈对我的关心。"

"还有吗？"

如烟又想了想，在中线八岁的位置上方标注并写下"生病的幸福"，说："从八岁以后，我就很喜欢生病，但是因为体质太好了，不管怎么折腾，结果却是很少生病。"

咨询师很好奇地看着如烟。她继续说着："因为我生病的时候，妈妈就会对我很有耐心。所以我很希望自己能够发高烧，能够生病。这样妈妈就会骑着一个三轮车带我去看医生，会很温柔地跟我说话，会专门为我煮粥。我一直都希望自己有一个温柔、慈祥的妈妈。每当我生病的时候，这样的妈妈就会出现。那个时候我觉得自己好幸福啊。"

话音刚落，如烟莞尔一笑。接下来她又在十岁的位置上方标注并写下"妈妈的贵重礼物"，说："第四件积极的事件发生在我读小学三年级的时候，有一天我在睡午觉，迷迷糊糊间，我妈突然叫我起来，她说，我准备买一双银耳环给你。就这样，带我去首饰店挑选了我最喜欢的桃心吊坠款。之后我几乎天天戴着，我觉得好漂亮。这是我意料之外的，因为那个时候大家的家庭条件都不太好，许多家庭的生计都成问题，没有人会相信妈妈能给自己的孩子送银耳环。我想妈妈之所以会送给我这么贵重的礼物，可能是因为那段时间我表现得很乖、很听话，也可能是因为她有点喜欢我或是爱我吧！"

说完了四个积极的事件，如烟又分享了与妈妈相关的三个消极的事件，她分别在中线八岁半、九岁、十四岁位置的下方写下"没有拍成的全家福""被冤枉的委屈"和"对抗不合理"。

"第一个消极的事件是在我念一年级下学期时，因为我们家从来没有拍过全家福，所以爸妈计划带我们去照相馆拍。但是弟弟可能平时习惯了跟我吵架和打架，那天也跟我闹脾气，他说，不要三姐去。后来，我妈就很生气地说，如果不要姐姐去，那都不要去了。最后大家都没有拍成期待已久的全家福。现在想想，真的很遗憾，我都不知道自己小时候长什么样子。"

"第二个消极的事件是在我九岁的时候，那天正好是年三十的下午，我跟姐姐们从邻居家玩回来没多久，突然听到妈妈在跟邻居家的阿姨吵架，几乎要打起来了，邻居家阿姨责备妈妈不会教育子女，甚至诅咒我跟两个姐姐以后嫁不出去。我头一次见到妈妈这么伤心、难过。事情的原委是，上午我们三姐妹

去她家玩耍，后来她发现自己的一个金戒指不见了，所以她认为是我们偷的。无论我妈如何解释，她都不为所动，并坚持己见，甚至讥讽是因我们贫穷所致。就算这样，妈妈在现场也很护犊子。不过，等邻家阿姨走后，她拿起棍子，不停地抽打着我们三姐妹，逼问是否是我们所为，我们一直否认。我觉得那个时候，因为贫困，我们真的好容易受欺负啊。"

"第三件消极的事件是在我上初一那年，在爸爸的努力下，我们的家境状况已经逐渐好转。我们也搬进了乡镇中心的三层小楼。大姐在一楼的铺面开了一家蛋糕店。因为地处黄金地段，一楼店铺的门口总会被一些移动商贩堵住。所以，妈妈每天都会发大脾气地去家门口清理。有一天，来了一位卖香蕉的老奶奶，非常清贫。我放学回来后，还跟她互动了许久。她非常不容易，还打算等将来多赚些钱，以后在我们家的蛋糕店给她孙子订个生日蛋糕。但是我妈如往常般，不论青红皂白凶巴巴地把老奶奶赶走了。我就开始跟我妈理论，可是她根本不听，说自己说的就是真理，就是圣旨，让我必须服从，不许反驳她。然而我却不予理会，告诉她，我只相信对的道理，我不相信她的话。我越是坚持自己的想法，她越生气，就开始打我、骂我。就这样，我跟她对抗起来。接着我妈找来一条鞭子气狠狠地对着我说，你再顶我一句嘴，我就抽你一鞭子。最终，我被她抽了三十几鞭。抽到最后我没哭一声，但是她却哭了。抽完之后，她又很心疼地拿药给我搽。其实每一次她打我或骂我的时候，我都会用笔在自己的书桌上刻上'妈妈我恨你、我讨厌妈妈'……不过，事后她又会给我搽药，我又觉得她是很好的妈妈，她还是爱我的。所以，我又拿笔把那些怨恨妈妈的文字划掉，重新写上'我爱妈妈'。"

你最喜欢的回忆是哪一个，理由是什么？

"我最喜欢的回忆是七岁时'第一次感受到妈妈的爱'。因为此后再也没有这么深刻而强烈地感受过了。"

告诉我们一个不好的回忆，并且说一说这个回忆让你有什么感觉？

"我最不好的回忆是九岁时'被冤枉的委屈'。我觉得妈妈挺不容易的，挺伟大的。我想妈妈的性格之所以变得如此飞扬跋扈，可能也是因为受过太多的误解。她一方面需要护着我们，另一方面又要承受着别人的欺负和误会。加上每天从早到晚忙不完的家务，有很多的委屈无处安放。所以，她也没有办法去做一些什么，只能乱发脾气，恨自己的子女不争气吧。"

是什么事情或什么人帮助你一起度过那段难熬的时期？

"经过长时间的艰辛努力，爸爸靠自己的双手让家庭的经济

状况开始好转后，这一情况才得到了根本性的改变。"

　　那段难熬的时期让你收获了什么？

　　"看着爸爸顶住各方压力，撑起整个家，最终赢得了身边人的赞许。这让我知道，只有脚踏实地一点一点地提升自己，才能让别人瞧得起你。"

　　现在或是未来，你会怎么运用这些艰难时期的收获？

　　"其实我能够在之前的职业生涯中取得一定的成绩，就是受到了这个信念的影响，所以只要我坚定了目标，就没有做不成的事情。我一定会通过自身的努力或团队的力量，想方设法地去摆脱困局。"

　　在未来的时间里面，你希望会发生什么好事？

　　"我还是希望有机会能跟妈妈和解。"
　　"那你期待的和解是什么样的？"咨询师细化地问道。
　　"我无法改变她，但是我想逐渐改变自己对她一贯的敌对态度。"
　　"如何改变？"
　　如烟思考了一下，说："我可以尝试先改变一下跟她的互动方式。之前养成了'她说什么，我都是跟她反着来；说一句，怼一句'的方式。我想能不能先让她把话都说完，然后我再试着表达。如果当着面实在控制不住情绪，我就给她发微信文字或语音来说。"

"此时此刻，为何有了这样的想法？"

"因为自己有太多的童年创伤，之前总是我在渴求她来主动爱我，但是外表看起来百炼成钢的妈妈，实则内在已伤痕累累。至少今天的探索让我更加理解她的不易，她是爱我的，只是爱的方式不是我能接受的而已。所以，这一次我也想改变一下，我争取主动让妈妈感受到我对母爱的渴求和我对她的爱。"

只见咨询师拿出了几张信纸，递给了如烟。

> 今天咨询的最后一个任务，我会邀请你写一封信给妈妈。我们采用"自由书写"的方式，请你把头脑中出现的想对妈妈说的字句快速地写下来，不管想到什么，全都写下来。过程中不要间断，让手始终保持在纸张上书写，不用修饰、不评判，不用考虑字句间的逻辑，要把脑中所想到的都写下来。如果什么都想不到，就写下"什么都想不到，怎么办"。

咨询师说完指导语之后，如烟提起笔开始书写起来……

063

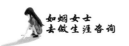

亲爱的妈妈：

我在幼年时，虽然被你和爸爸无情地抛下，但是在没有母爱和父爱的环境下，我却成长得异常独立、坚强和快乐。自从回到你们的身边后，我不再开心。我一直在讨好您和爸爸，一直在讨好这个家。您对我的冷漠和无视，经常让我备受伤害。我很害怕您，特别是在您心情不佳的时候。这个时候我总选择躲藏起来，害怕被无端波及，可有时也会遍体鳞伤。到现在为止，只要听到您骂人的声音，我就会全身颤抖。所以，我从不敢靠近您。成年之后，也尽量选择远离您。每年只有在重大节日的时候，才会匆匆回家待上几日便返程。其实，我非常渴望您的爱，这般渴望无法用言语形容。我好希望每次回家时，您都能多关注我，对我轻声说一些爱我的话语，温柔地抱抱我。我甚至都不知道被妈妈抱着是种什么样的感觉。我好想被您抱着，被您深深爱着，哪怕只有一次。我也曾经尝试过像弟弟那样，跟您撒撒娇，结果却是你我都不习惯。我也只能在生病时或被您打后搽药时，才能感受到您对我的那一点点爱。我已经不敢再多奢求了。我知道您跟爸爸已经年老，为我们拼搏了一辈子，也该享享清福了。虽然您嘴上说，我辞职会影响你们的生活，但是我知道，您应该是在担心我，害怕我在大城市里不能更好地生活，怕我风餐露宿。

如烟不知不觉地流着泪。

书写了大概 5 分钟之后，咨询师继续引导道。

请你以"其实，我想说的是……"作为最后一段的开头，来结束整封信。

其实，我想说的是，妈妈，我想先试着去靠近您，听听您的苦和累。我也会去试着分担一下您的苦和累。不管结果如何，我不再渴求您能深爱我一次，因为我没办法要求您一定爱我，这是您的自由。但是请您相信，我可以好好爱自己，我会在外当好自己的妈妈，自己教育好自己，正如这二十七年来那样。谢谢您，妈妈，给予了我生命，养育我成长。

您的女儿　　如烟

"我们无法选择原生家庭，当原生家庭带给我们伤痛时，我们常常陷入某种不可改变的模式里，循环往复，痛苦一生。所以，我们需要努力改变我们可以改变的事情，接受我们无法改变的事情，并用智慧去分辨二者。最终踏上与自己的和解之路。"咨询师回应道。

如烟颔首一笑，带着这封给妈妈的信，平静地离开了咨

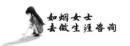

询室。

我们在关系中所受的伤，也只能在关系中疗愈。

在这一幕中，咨询师使用了"家庭时间轴"和"自由书写"协助来访者疗愈与其重要他人的关系，当来访者找到了被爱的感觉，他就有了变得更好的动力。家庭时间轴通过辨识来访者与重要他人经历过的重要生活事件，来评估他们之间的关系和动力。这个工具是由加拿大多伦多社会工作师、认证游戏治疗督导莉安娜·洛温斯坦（Liana Lowenstein）于 2010 年所设计的。自由书写则是通过与自己的内心世界进行对话，来达成自己与自己或自己与重要他人的和解，最终看到自己对生活的自主选择能力。这一方法是根据奥地利精神病学家、精神分析心理学创始人西格蒙德·弗洛伊德（Sigmund Freud）于 1899 年提出的"自由联想法"发展而来。因为自由书写就是记录自由联想的内容。弗洛伊德曾说过："写作最主要的目的是满足自己内心的某些需要，而不是为了别人。"因此，自由书写的重点在于不停笔地书写，只要不停笔，就有可能引发思考，在纸上写下意料之外的答案。

你不妨跟随着文中咨询师的引导词，也尝试回忆一下跟家庭成员曾一起经历过的重要生活事件，评估一下你们之间的关系。如果有必要，你也可以试着给他们写一封"和解"之信。

_____的家庭时间轴

_____

_____

_____

_____

_____

_____

_____

_____

_____

067

第五幕　我们的家，是伤，也是药

生涯影响轮

家庭是塑造我们的工厂。

66 虽然知道爸妈也许是爱我的，但是他们在我人生最初六年半的时间中缺席，始终让我无法释怀。为什么被抛下的唯独是我呢？这一直是我心里的结。我觉得他们除了带给我生命，其他的什么都没真正给到过我。"

这一周，如烟深陷内心的挣扎和矛盾。她希望能与原生家庭和解，这样她的内心才能真正释然。可幼时曾被父母抛弃过的伤依然跟随着她，让她一直缺失着对家的归属感。所以，理性上想靠近，可情感上却拒绝。因为那份"被抛弃"的恐惧不曾消散。

"那你想要他们给你什么？"咨询师忍不住问道。

"跟姐姐和弟弟同等的爱。"

"这份同等的爱的标准是什么？"

如烟沉思了许久，说："我也希望有一个真正的家，能接纳我所有情绪的家。就像姐姐弟弟那样，生气了可以任性地发脾气，受伤了可以大声哭出来，受挫了可以逃回家求助，做错事了可以撒娇祈求原谅……而我却不敢这样去做。"

"你在害怕什么？"

"我内心深处还是害怕再次被抛弃，所以在家里我一直小心谨慎地活着，始终感觉与那个家格格不入，跟他们不像真正的一家人。"

"你理想的家庭生活是什么样子的？"

"家不应该是靠物质或责任，而应该是靠爱与关怀来维系的。但我总感觉父母跟我的关系，在我工作前来自于他们对我

有养育之责，工作后则来自于他们对我有物质所图。这种不纯粹的情感联结，是我最无法接受的。虽然我很想改变，但却无能为力。"

"也就是说，你想改变父母对你的态度。你认为，如果他们改变了，你就拥有了真正的家的感觉。是这样吗？"

"是的。我不知道该怎么做。其实我很矛盾，一方面我很想割舍他们对我添加了利益索取的关爱，另一方面又很想融入他们，并在试图融入的过程中受伤。"

"关于这个受伤能再多说一些吗？"

"我大姐跟姐夫结婚后就一直住在我爸妈家。直到我工作的第二年，他们才决定在乡镇上自己盖房子住。我爸妈一马当先地伸出了援手，并呼吁我们姐妹给予支持。当然，这里面并没包括我弟。因为在他们心目中，他们跟我弟是一体的。我未计较这么多，为了融入他们，我把工作两年来存下的 3 万元积蓄全部拿了出来，也没想过大姐有一天会还我。两年后回家过年，大姐主动提及此事，她说因为攒的钱还差 1 万元才够还我，希望再给她一段时间。还未等我开口回应，我妈迅速接过话，让大姐还我 2 万元就行了。当初我找工作时，向爸爸跟她借了 1 万块钱用来租房和购置家具，这 1 万元就当我还他们了。虽然感觉妈妈说得在理，但是我内心极度不舒适，就好像只有大姐是她们的亲女儿，而我却不是。他们始终把我当成一个外人。此类事件数不胜数。"

"每当这种时候，你会做什么？"

"快速逃离那个家。其实我工作后，就很少回家，除了过大年。即使回家也待不到一周。"

"当你这样做时，其实你想表达什么？"

"跟他们减少交集。因为没有交集，就不会有太多期待，没有期待，就不会太受伤害。"

"那你对今天咨询的期待是什么？"

"跟他们互动了近三十年，我知道很难一下子改变他们对自己的态度，也很难要求他们像爱姐弟那样地爱我。我只希望自己能做一些调整或改变，至少让这些过去的伤害不那么干扰自己现在的工作和生活。"

　　一个人会被过去影响，但不会被过去所决定。虽然你的家庭、你的父母，不是你可以选择的，但是现在的你也需要看到，他们也许带给了你伤痛，但是对你来说，也可能是一剂良药。因为它是我们每个人心理发展的土壤，它给了我们心理成长的营养。

　　从出生到童年，从童年到少年，直至今天，在我们的生命中出现过许多影响我们的人、事、物。今天我会邀请你来觉察一下这些重要他人对你的影响，绘制一幅自己的生涯影响轮。这里的重要他人是指你十八岁以前，任何在情感和生理上影响过你的人、事、物。这些影响有的是积极正向的，比如给过你支持与力量，带给你希望或让你有所成长等；有的是消极负向的，比如让你委屈、害怕，甚

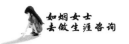

至给你带来伤痛与恐慌等。那些重要他人都曾是你的支持系统，都是你的资源。从某种意义上说，影响过你的人越多，你的资源就会越丰富。

咨询师一边说着，一边拿了一张白纸和一支笔递给如烟。

第一步，在这张白纸的任何位置上画出一个代表你自己这个人的圆圈，并写下自己的名字。圆圈的大小和所选择的位置都表示你对于自我空间的感受。

只见如烟犹豫片刻后，在纸的左下角画了一个小圆圈，并写下"如烟"二字。

第二步，你慢慢放松下来。这一刻，只有你自己。请你静静回忆过往，说出十八岁前的生活中给自己带来影响的人、事、物。

"奶奶、爷爷、爸爸、妈妈、大姐、二姐、弟弟、外婆。"如烟时而停顿着说道。

第三步，请你再以不同大小的圆圈、不同的位置，把这些重要他人布置在你自己的圆圈四周，并在圆圈内写出他们的名字。圆圈的大小表示你期待从中获取的资源和心理营养的程度，即圆圈越大展现其给你的资源和心理营养越多，相反圆圈越小表示给的越少。圆圈的位置则表示你感觉到的重要他人对你造成影响的程度，即影响越大越靠近自己的圆圈，影响越小则越远离。

只见如烟把爸爸和外婆放在了离自己最近的位置，妈妈和弟弟稍远一些，奶奶、大姐和二姐的位置更远些，爷爷是离自己最远的。而就圆圈大小而言，第一大圆圈如烟给了爸爸和外婆，第二大给了弟弟，第三大给了妈妈，奶奶、大姐、二姐和爷爷的圆圈大小跟如烟自己的差不多。

第四步，请你用不同的关系线来表示你跟这些重要他人之间关系的亲疏远近。

关系线分为以下四种。

（1）细直线"━━━━━"：代表接纳、少冲突的普通关系。

（2）粗直线"━━━"：代表没隔阂、很近的亲密关系。

（3）波浪线"〰〰"：代表不认同、对抗的冲突关系。

（4）虚　线"- - - - - - - -"：代表有距离、冷淡的疏离关系。

如烟思考片刻后，用波浪线连接了妈妈，用虚线连接了爷爷，其他人都用了细直线相连。（如图 5-1 所示）

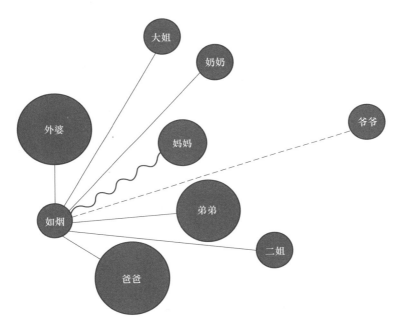

图 5-1　如烟的生涯影响轮

第五步，以你的感觉，在代表每个人的圆圈旁边加至少 3 个形容词。

如烟分别慎重地写下。

爸爸——辛勤的，上进的，寡言的，威严的；

外婆——有涵养的，温和的，乐观的，爱干净的；

　　妈妈——唠叨的，急躁易怒的，不易亲近的，虚荣的；

　　弟弟——讲义气的，依赖的，不踏实的，逃避的；

　　奶奶——慈祥的，辛勤的，愚昧的；

　　大姐——愚昧的，易怒的，脆弱的；

　　二姐——叛逆的，敏感易怒的，情绪不稳定的；

　　爷爷——沉默寡言的，威严的，不可亲近的。

　　"现在请你认真回看一下自己绘制完成的这个图，好好看看自己在纸张中所选择的位置，以及曾经对你产生影响的重要他人。"如烟做完后，咨询师引导道。

　　如烟两眼盯着图片，左手托着下巴，右手转着笔。

　　"你选择把自己放置在整个纸张的左下角，并且用小圆圈来表示自己，有什么特别的理由吗？"咨询师手指着代表如烟的圆圈，开始发问道。

　　"因为我觉得自己现在还没能掌控自己的生活，就像舞台上中央与边缘的关系那样，现在的我还只是站在自己人生舞台的边缘。而且目前我的力量太小了，还不足以支撑我走到舞台中央，所以，我用了小圆圈来表示自己目前资源和能力匮乏的状况。其实这也反映了我目前所处的生活状态。"

　　"看看你写的形容词，觉察一下这些写给别人的形容词是不是也在形容你自己？"

　　"是啊，好像就是在说我自己。无论是他们的优点还是缺点，我似乎都在潜移默化地汲取着。"如烟有些惊讶地说道。

"这就是重要他人与我们的关联。虽然有些人、事、物在时间上成了过往，但他们在我们的心灵上却烙下了持续存在的影响。那么在你看来，谁是非常重要的？"

"爸爸和外婆。他们对我影响很大，我打小就从他们那儿汲取了最多的和我最期待的养分。所以，我把他们画得离我最近，代表他们的圆圈也是最大的。"如烟指着她与爸爸和外婆的关系线和圆圈，很笃定地说着，"爸爸是我工作上的榜样，现在想一想，我今天的工作状态和行事风格跟他几乎一模一样。而外婆则是我生活上的榜样，她非常热爱生活。在妈妈还小的时候，外公就去世了，外婆独自一人撑起了整个家，艰难地养育着妈妈他们兄妹三人。即使家徒四壁，她依然微笑着面对生活，每天精致地整理自己的仪容，家里也十分干净整洁。她对待我们姐弟也是一视同仁，从不会差别对待。这也是虽然我跟外婆接触不多，也不那么亲近，但却最喜欢她的原因。"

"你如何看待这些冲突关系对你的影响？"咨询师指着如烟跟妈妈的关系线问着。

"原来我最不认同的部分，却是我已习得的部分。难怪我经常告诫自己，绝对不要像妈妈那样唠叨、急躁、虚荣……"

"这样做的理由是什么？"

"因为它们都曾经伤害过我。"

"虽然被重要他人影响，但是你也看到了自己是有选择的，你现在会做出什么不同的选择呢？"

"我可以以他们为教材，扬长避短，选择过自己的人生。"

"你在绘制生涯影响轮的过程中，产生了什么感受？情绪的或身体的，都可以说说看。"

"我感觉眼前一亮，十分惊喜。一方面找到了这么多支持我的人，看到了他们带给我的精神财富。另一方面，也释然于自己可以重新去选择，不让那些负面的部分来影响我现在的生活。"

"重要他人给予了我们每个人心理发展的土壤，决定了我们人格的形成。所以，会与我们当下的生涯关注紧密相连。尽管有些已成为过往，但是影响却未曾减淡一分。因此，在了解了这些人、事、物对自己的影响之后，你对自己有了哪些新的认识？"

"最开始我很想融入那个家，后来我很想逃离，很想割舍这些关系。可是我越想割舍，它反而越紧贴着我、扰乱着我。当我放下成见来看待他们跟我的关系后，我发现他们在带给我伤痛的同时，其实也给了我很多温暖、慰藉、希望和力量。即使是那些负面的东西，我也可以转化成为资源。"

"这些认识对你有何意义？"

"我更加接纳了自己，开始接纳了我的原生家庭。我也有了想要从人生舞台边缘走向中央的冲动。但是此时此刻的我还不够强大，还需要经受更多的历练。"

> 典型的问题式家庭教育模式是，一个缺席的父亲、一个焦虑的母亲和一个不幸的孩子。许多人常常沉浸在过去

的不幸中无法自拔，而这些过去的不幸往往都是家庭成员之间错综复杂的关系造成的。由此，有些人便喜欢把自己的不幸归咎到别人身上，特别是自己的父母。殊不知关系是伤，也是药。

在这一幕中，咨询师使用了"生涯影响轮"。通过绘制这个影响轮，可以让来访者了解自己基本心理发展的土壤，同时还可以觉察到他现在的生涯关注与其重要他人的关联，以及他所选择的位置来理解自己目前所处的生活空间。当然，它也适合对自己评价低，看问题比较负面的来访者。

这个工具整合了家庭治疗大师萨提亚创造的"影响轮"和加拿大生涯学者、建构取向生涯咨询的提出者R. 万斯·皮维（R. Vance Peavy）在1997年设计的"生活空间地图"。

你不妨跟随着文中咨询师的引导词，也尝试着绘制一下自己的生涯影响轮，看看形成你心理发展的土壤的模样吧？

_____的生涯影响轮

第六幕 请出自己内心深处的英雄

行为榜样法

榜样是根植于我们内心的一种向上的
力量。

今天天气阴沉沉的，下着蒙蒙小雨，如烟如约而至。

"上次咨询结束后，我鼓足勇气把之前那封信给了妈妈，我们终于解开心结，畅聊了许久。这解决了困扰我多年的原生家庭的问题，我也有了改变现状的动力，可是经过一周忖思的我，却找不到改变的方向。我依旧处在迷茫之中……"如烟陈述着一周的情况。

"你认为是什么影响你找不到改变方向？"

"我过去所做的一切，都是为了吸引父母的关注，期待得到父母的认可。我一直都在为自己找方向，但却从未跳出过那个寻求关注和认可的圈。我对自己总呈现出似懂非懂的感觉。这次真正疗愈了自己与家庭的关系后，接下来的人生该为何价值而活，这一困惑又浮出水面。"

"的确，处于幼年和青少年时期的我们想要认识自己，既可以通过他人对我们特征的反馈后内化而得，也可以在父母的指导下或榜样的影响下，通过积极尝试后塑造而得。所以，在你人生的每一段经历中所遇到的人，都有可能会让你对自己有不一样的认识。正因如此，才让你有了这种对自己似懂非懂之感。"咨询师解释道，并继续引导着："那么，如何了解此时此刻的你？当我们还是孩童的时候，就学会了一种重要的方法，那就是选择我们认同的人作为榜样，并会跟随榜样改变自己的行为。故而我们可以通过回顾自己用来描述榜样的形容词，间接地了解自己，同时从他们身上学到的经验也为我们提供解决当前问题的蓝图。你愿意试试这种方法吗？"

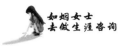

听完咨询师的描述，如烟眼里充满着急切的渴望，跃跃欲试。

在我们的成长历程中，除了作为指导者的父母，我们还会选择一些行为榜样，我们会从他们身上找到我们的主要问题和主要关注点的初步解决方案。我想知道，除父母外，你最敬佩（或最仰慕，或最尊重，甚至想去效仿）的三个人是谁？这些人物可以是来自生活中的真实人物，比如家庭成员或亲戚，也可以是历史人物、明星等，还可以是影视作品、小说、漫画、网络或电子游戏中虚构出来的角色，抑或是你自己。

如烟沉思片刻后，说："花木兰、白素贞、武则天。"

跟我讲讲这些人。告诉我，她们有何重要事迹，她们身上具备什么特质，她们做了什么，以至于对你而言是重要的？

"先说说花木兰吧，她是我国南北朝时期一个传说色彩极浓的巾帼英雄。女儿身、无兄长的她，代父从军十余年，击败入侵者，完成使命，虽为国家立下汗马功劳，却不要皇上封赏，最终解甲归田。她身上具备了勤劳善良、坚毅勇敢、爱国爱家及淡泊名利的特质。在男权社会下，社会对女性的限制是无形的。我之所以将她作为榜样，是因为她颠覆了人们对女性柔弱无知的传统认知，原来女性也一样有能力去保家卫国，不输给男性。"

"那白素贞呢，她是什么样的？"

"白素贞是我国古代民间爱情传说《白蛇传》中的女主角。一条修行千年的白蛇，为了报答书生许仙前世的救命之恩，幻化人形，并以身相许。她用尽千年修为全力支持许仙悬壶济世、造福黎民，哪怕触犯天条，哪怕不能成仙，只为争取与许仙的自由爱情。而后虽被镇压于雷峰塔下，但随着儿子许仕林长大高中状元，到塔前祭母，孝感动天，方得出塔，全家团聚。她身上具备了温婉善良、贤淑宽厚、不屈不挠、懂得感恩、有正义感与重情重义的特质。我之所以选择她为榜样，是因为她可以为心中所爱拼尽一切。白素贞对许仙的爱是伟大的，她全心全意地呵护着许仙，不忍让他受一点点委屈。她虽菩萨心肠，但为救许仙，她可以上天庭寻遍仙药、盗取仙草，下地府救魂魄，与法海斗法，水漫金山寺……"

"再谈谈武则天吧！"

"武则天是我国历史上唯一一个正统女皇帝。她的重要事迹就是在封建王朝男重女轻的思想下，十四岁进宫，从唐太宗的五品才人，到唐高宗的正二品昭仪，直至成为皇后、武后的过程中，历经磨难。在争夺权力的斗争中，她小心翼翼、步步为营，凭借自己的政治手段让以长孙无忌为首的文武百官向她俯首称臣。最终利用周围资源逐步统筹规划，在封建男权社会里

开创了自己的王朝帝国——武周朝,走向封建社会的权力中心。
她身上具备了志向远大、自立自强、足智多谋、敢作敢为、能
屈能伸和永不放弃的特质。我选择她作为榜样,是因为她对自
己能力的不断挑战和超越。

这三个人有什么共同点?

只见如烟微微皱眉,眼神深沉,静坐片刻后,说:"第一,
她们都是女中豪杰,柔弱的外表下有一颗坚韧而强大的心;第
二,她们凭借自己的智慧和力量,突破了当时社会对女性的束
缚,勇敢地做自己,实现了自己的价值;第三,她们都有各自
明确的目标和超强的执行力,为了达成目标,坚毅执着。"

你和这些人有什么相似和不同之处?

"我觉着自己跟她们的相似之处在于,首先,我也是女性,
我一直在拼命证明给父母看,女孩子也可以很棒;其次,为了
证明自己,我从不怕辛苦,在自立自强中获得了生存和发展的
技能;最后,我总是心存善念,懂得感恩,哪怕是伤害过我的
人,我也会感激他们让我成长。"

"在你成长的过程中,你解决问题或达成目标的方式和她们
最相似的地方又是什么?"

"当我有了明确的目标后,就能充分利用自身的能力和优

势，调用身边的一切资源，想方设法地去达成目标。"

"不同之处呢？"

"她们都有一个自己想要达成的坚定不移的目标，花木兰是为了守护亲情，白素贞是为了守护爱情，武则天则是为了得到权力。而我并没有如此坚定的目标，过去的我都是以向父母证明自己为目标，当得到父母的认同后，目标就丢失了。我发现自己从未认真思考过，不是为别人，而是为自己，我到底想要的是什么？"

此时此刻，你对这三个人的感受如何？

"她们好像就是我，不对，应该说她们就像一面让我能照见自己的镜子，透过她们，让我看到了自己当下遇到的问题的本质。也就是为什么我有改变的动力，却没有改变的方向。"

"你的觉察，能再多说一点吗？"

"因为她们不是把自己设定在一个狭隘的角色框架中，而是不断地寻求自我突破。花木兰展现了女性的勇气与力量，原来女人也可以披甲上阵，征战沙场，保家卫国；白素贞展现了女性的贤能与坚韧，原来女人也可以成为男人的依靠，只要你有任何需要，我愿为你赴汤蹈火；武则天则展现了女性的抱负、智慧与谋略，原来女人也可以当皇帝，掌握权势地位，有事业成就——成为一名杰出的政治家。所以，我需要突破原来自己给自己设定的框架，需要改变现状，但是在改变面前，总是缺

少尝试的勇气。"

> 假如有一天，你也成为别人崇拜的对象，你希望别人用什么形容词来描述你？

如烟迁思回虑后，说："我希望他们描述我是一个敢想敢做的、坚忍执着的、聪慧善良的、永不言败的以及矜己自饰的人。"

> 在你未来人生的发展道路上，它们将起到什么样的作用？

"它们很像我给自己下一步的建议，好像告诉我要继续保持与人为善的本性，学会欣赏自己，甚至夸赞自己。当有了自己认定的目标后，就要持之以恒地去达成。"

"是啊，当我们陷入某种困惑或烦恼时，我们每个人都可能拥有一种引导自己解决问题的内在智慧，它会指引我们人生下一篇章可能的方向。"咨询师回应道，并继续发问：

> 接下来，如果你想改变，你会做什么？

"我想，我还是会选择辞掉现在的这份工作。因为我需要花一些时间好好想想自己下一步的职业发展方向，如果可以，我也会去，也该去尝试一些新的体验，至少能突破一下现有的工作状态。这样才会不断学习新的技能。"

听完自己的表述，如烟深深地、深深地吐了一口气，自嘲地说："我现在才真正算是自己人生的主人了。"

人一生最害怕的不是年纪的增加，而是在某个时期想做某件事情却没有做，回过头时，时间却已经悄悄流逝了。

如何运用自己的特点来应对生活的挑战？生涯建构理论的提出者萨维科斯 1989 年设计出了一种方法，那就是从个人选择的行为榜样切入。从幼年起，我们每个人都会找寻行为榜样，并学习模仿。在青春期后期，我们会综合自己认同的片段，不知不觉地使用榜样来描述自己的职业理想，在未来追寻类似的生活模式，并尝试使用从榜样身上学到的经验来解决自己目前所面临的问题。

在这一幕中，咨询师就运用了"行为榜样法"。通过询问来访者与每个榜样的相似处和不同点，来协助他界定自我，进而厘清他的生活目标、引出他最关心的问题以及确定当前他解决问题的方式。对许多人而言，榜样人物的选取，投射出的通常是某些自己所缺乏的特质或未完成的愿望，即理想自我。由此可见，使用行为榜样法，重点不是关注我们崇拜谁和他们做的事情，而是将注意力放在我们崇拜他们什么特质。因为他们想做的事与你想做的事是不一样的，而这些榜样人物的特质，却通常会在我们的其

他故事中出现。

　　萨维科斯还强调，咨询师在使用该方法时要注意鼓励来访者去选取父母以外的人，因为这样的榜样人物才会有选择的成分在内。

　　你不妨跟随着文中咨询师的引导词，也识别一下自己在成长过程中所选择的三个行为榜样，并描述你所崇拜的每个榜样人物的特质以及从他们身上学到的经验吧！

　　行为榜样1：

_____

_____

_____

_____

_____

_____

_____

_____

_____

_____

_____

行为榜样 2：

_____

_____

_____

_____

_____

_____

_____

_____

_____

_____

_____

_____

_____

_____

_____

_____

_____

_____

_____

行为榜样 3：

第七幕　想得到爱，却不知道何为爱

爱的历史回顾法

爱情关系必须回归它自由、平等和互动
的样子。

66 这一周，我已经跟公司领导提交了辞职申请。我也给自己放了假。之前的两份工作，我都是无缝衔接。因为家族压力和生计焦虑，我从未真正放松过一天，更不敢长时间休息。在工作上，现在爸妈也不再给我大的压力。让我认真想清楚，做让自己开心的事情。"如烟叙述着上一周的变化，"可是现在，婚姻大事已然成为他们最关注的焦点。除了亲人的爱，其实我也一直渴望能遇到自己的真爱。但我每一段情感都是，我越想得到爱，越不知道该怎么去爱，最后却都失去了爱。三段失败的恋情，已经让我渐渐丧失了继续追求爱的勇气。"

"你愿意分享一下，自己这三段爱的历史吗？"

如烟点点头，说："我的第一段恋情发生在上大学的时候。"

"你们是怎么相遇的？"

"他是我的初恋，不是很甜蜜的初恋。相较于别人的轰轰烈烈，我的初恋却有些平淡无奇。我们就读于同一所大学，我是学校有名的文艺骨干，因为一支印度舞《女友嫁人新郎不是我》开始惊艳全校。他通过网络开始积极主动追求我。那时的我，因为在原生家庭得不到温暖和爱，自己非常渴求能够拥有一个能给自己爱的家庭。所以抱着试一试的心态开启了一段极不平等的爱情，我似乎多了一个拎包的"下属"和"跟班"。他不是我的理想型，身材矮小，跟我一般高。不过，他为人正直，好打抱不平。遗憾的是，我们始终没有共同语言、共同喜好。恋爱没多久，他的常鳞凡介之品，就让我萌生了跟他分手的念头。他虽不求上进且胸无大志，但对这份感情不知寝食和唯命是从

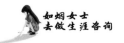
的态度，又让我心生怜悯。我发现自己不是因为爱或被爱而沉醉其中，而是因为可怜和同情他而维系着这份感情。直至第三年，我第三次忘记了他的生日，他终于爆发了……"如烟停顿了一下，说："虽然感觉有些对不起他，但是我从未真正喜欢过他。"

> 爱就是彼此珍惜。虽然这是一段过去的爱，但是我们却很好奇——那种爱的感觉是什么，在什么情况下有爱。因为在搜集爱的历史的过程中，可以帮助你重新体验爱，并厘清爱消失的过程。

"接下来，我会问你一些问题来梳理你这段爱的历史。"
如烟点了点头。

> 你对这个人最感激的是什么？你最欣赏他、爱他的地方（如他的品格、容貌或才华等）是什么？

"我最感激他对我无条件的包容，特别是能容忍我对他的坏脾气。而我最欣赏他的善良和正义感。我也经常被他锄强扶弱的行为所感动。"

> 在你们共处的时光里，你最珍惜、最怀念的是什么？

"可能是自己太缺少陪伴了，一贯独行的我，却最怀念他默默陪我逛街、陪我吃饭的时光。"

> 有哪些积极的话，如果没有机会对这个人说，你会觉得非常后悔，或者说，你如果没有机会对他说这些话，会觉得非常遗憾？

"我会对他说，你是一个善良正直的好男人，你值得拥有一个真正爱你的女孩子。"

> 有哪些事情，是你很后悔，想请对方原谅或宽恕的？（只选一件）

"我想对他说，自始至终，我自私地享受着你无条件的服从和包容。我们很不合适，我很后悔没有与你早点分手，放过彼此，让彼此拥有真正的缘分。"

> 你要如何表达你对对方的感激（例如，对方所给你或为你所做的等）？

"我想对他说，我很感激你对我的用心和陪伴。"

> 你对这个人的祝福与鼓励是什么？你希望他将来可以怎么样？

"我祝福他能尽早找到自己生命中的正缘，希望他在今后的感情关系里，永远不要去强求，去委屈自己。强扭的瓜，就算是放了糖，也会有几分苦涩。即便是在一起了，也不会长久。"

"总的来说，这段感情里的爱是什么感觉？"

"这是一种因贪恋舒适和同情而产生的爱，长此以往便心生厌恶，想逃离。"

"这段感情让你知道了自己在什么情况下感到有爱？"

"我觉得是在对方听话、不反抗，甚至讨好的时候。"

"探索的整个过程，让你有什么样的觉察或发现？"

如烟沉思了一会儿，说："有点像我跟妈妈的爱的模式。我感觉妈妈爱我的时候，就是我听话、不反抗，甚至讨好的时候。"

如烟有点被自己的话语震惊到，又马不停蹄地分享起第二段恋情。

"第一段感情结束没多久，我也换到了现在的这份销售工作。生计压力加上情感创伤，我不得不把自己麻痹在工作中。在一年的强压下，我的销售业绩已名列前茅，最终斩获公司最佳新人奖。年会过后，我压抑已久的情绪开始爆发，我也经历了人生第一次难忘的网吧通宵。也正是这一次网聊之旅，让我遇到了第二任男友。结识初期，他交警的职业，非常吸引我。当警察也曾是我少年时期的梦想。我们聊得非常投缘。正所谓网聊总是'见光死'。当我们见面后，他一米七八的个子和魁梧的身材还是挺让我满意的，可是，随着了解的深入，他所有的谎言开始逐一被击破。作为蓝领工人的他，因为家境贫寒没上过大学，所以他很想找一个有大学学历的女友。这种基于自卑而自大的欺骗，起初让我赫然而怒。但是他绳锯木断般地负荆请罪加投我所好，我又不忍心抛下他。"如烟按照咨询师的问话思路开始自我分析起来，"现在想想，这段恋情跟第一段很相似，就像刚刚我说的那样，我又在听话、不反抗，甚至讨好中感受爱。我很疑惑，为什么跟两任男朋友的相处模式，会与我跟妈妈的相处模式如此之神似？"

"在精神分析心理学看来，母婴关系是我们与这个世界的第一份关系，也会是我们此后与一切人和事建立关系的基础。也就是说，我们对母亲的态度，与母亲的相处模式，就是我们对待世界的习惯。"咨询师解释道。

"怪不得，最后我如此厌烦这两段关系。因为我也讨厌与妈妈这样相处的我。"如烟突然茅塞顿开，继续说道："不过，当时为了甩掉他们，我也采用了自己最厌恶的'咆哮模式'，像极了我的妈妈。因为妈妈也总是这样对爸爸。所以，在我的世界里，这似乎就是处理亲密关系的最佳模式。这样可以让他们害怕我，我可以更好地掌控他们。"

"结果呢？"咨询师紧接着问道。

"不管我表现出多坏的脾气，他们对我都不离不弃。特别是第二任男友，他死活都不同意跟我分手，所以为了让他死心，我不得不开启第三段恋情。"

"那这一次的相处模式有变化吗？"

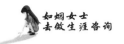
"虽然从学历、身高和长相等方面，他都比前两任男友占据了绝对的优势。但是相处一段时间后，他给我的依旧是那种我最熟悉的，对我言听计从，从不反抗，时时讨好的男友模式，他的言行甚至有过之而无不及。"

"可以具体谈谈与他的相遇吗？"

"他是我现在公司的同事，一米八八的大高个，仪表堂堂，为人和蔼谦逊，还有硕士学位，这些条件加起来，说他是公司最受欢迎的男同事也不为过。但是就是这样一个人，之前我一直不为所动。他明知我有男友，仍持之以恒追求我长达半年。我们低调交往没多久，他就被公司调到了我们销售部。我们幸运于实现了大部分情侣达不到的从早到晚 24 小时的相处。刚开始，我们如胶似漆地过得像蜜月期的新婚夫妇。他对我生活上的关心和照顾是前所未有的。他不但会根据我的口味喜好亲手烹制一日三餐，还会每日换着花样地给我煲各种靓汤和制作餐后甜品。这些都是我在原生家庭里从未有过的待遇。我也一度庆幸自己遇到了真命天子。可是，相处的时间越久，他的缺点越发暴露无遗。在生活上对我的照顾方面，他出现了严重的倦怠感，似乎'保鲜期'已过。他开始对我有了反过来照顾他的要求和期待。在工作中的方式和方法方面，因为我们会有工作交集，所以我发现外表看似谦和的他，实则内心急躁。我记得有一次，我跟一位女同事在工作上出现了比较大的分歧和冲突，他会因为这位女同事的哭诉，不分青红皂白地指责我，甚至说我狠毒。此刻我对他的想法正应了那句'金玉其外，败絮其中'。我已经对他失望透顶。所以，为了能跟他分手，我又无数次地开启了惯用的"咆哮"循环模式：咆哮如雷——低首下心——重归于好。我已厌烦了这样的相处模式，直到他的出现。"

"他？"

"是的，他。我的 3.5 段恋情……"如烟埋下头。

"你愿意说说这段感情吗？"

"这是我以前从没有过的爱的体验。其实认识他比第三任男友还要早。他也是我的同事。几乎跟我同时进的公司。说老实话，之前我根本没有正眼看过他。他个子很矮，比我还矮一厘米，皮肤黝黑，还很胖。在公司的众多男同事中，他平凡得都会被人遗忘。他对我情有独钟，是我后来回想起来才发现的。他会默默无闻地陪伴在我身边，每天都会送一些小礼物给我。只要看见我心情不佳，总会嘘寒问暖，逗我开心。虽然他之后知道了我在跟第三任男友交往，但是也依旧坚持关心我。我对他最感激的是，他总能在我工作最无助的时候，给到我很多实质性的帮助和精神上的鼓励。这是前三任男友从未给过我的。跟他在精神上不断地产生共鸣，让我有了想确认他是否喜欢我的想法。其实我早就发现了一些端倪，比如，他送的小礼物里面，有一首歌叫《听说爱情回来过》，他还专门把歌词打印出来送给我。这首歌就在描述我们此刻的状态。所以，我又想故技重演，用第四段恋情来结束第三段。果不其然，我们单独见面后，我诱导他终于说出了压抑他近两年的心声。我外表平

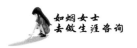

心静气，内心却早已波涛汹涌。在他坚持送我回家的路上，我们害羞地牵了手。这一幕正巧被男友撞见了，因为我关了手机，2小时找不见我的男友，已近癫狂。接下来，两人扭打在了一起，直至他向我的男友下跪才结束。就这一跪，我们再也没了联系。虽然男友并没有责怪我，并用近一年的时间，想极力挽回我。但这一切终究是徒劳。就这样，我的第三段感情生活也结束了。"

"有什么遗憾吗？"

"我太贪恋被他人照顾和顺从了。三段感情都未脱离这一模式。所以，如果我能更坚定地跟第三任男友早些分手，也不会让我们三个人都如此受伤。"

"这段感情生活对你有什么样的启发？"

"它至少让我知道了自己真正想要的是关系对等且有精神共鸣的另一半。"

"今天的探索，对于你来说有什么价值？"

"我已经空窗快两年了。面对身边的许多追求者，我一度不敢再去爱，因为又害怕伤人伤己。但是今天的探索，让我看清了之前我的爱的模式，了解到我们为什么会受伤，更找到了属于我的爱的标准。"

"我们爱的标准不是想象出来的，而是体验出来的。你早期的爱是受到了你跟妈妈相处模式的影响。如果用美国资深心理治疗师彼得·沃克的四种生存模式来解释的话，就是你跟妈妈相处时优先选择的生存模式是'讨好'，但你妈妈选择的却是'战'。习惯了这一模式，会让你选择跟妈妈学到的'战'来应对所有的亲密关系，所以男友想要维系关系，只能选择'讨好'的生存模式来回应。可是面对这 3.5 段恋情，因为你主动改变了这一模式，开始允许差异的存在，同时关注到亲密关系中彼此相同的部分，所以爱的标准就慢慢显现出来了。"咨询师回应道。

如烟带着满满的收获，踏上了爱的新征程。

　　亲密关系是修炼自己最好的地方。

　　在这一幕中，咨询师使用了"爱的历史回顾法"协助来访者觉察并看清自己在亲密关系里的真正需要。这一方法是我们根据家庭治疗大师萨提亚所设计的"爱就是彼此珍惜"的活动发展而来。

　　萨提亚说过，我们因相同而相连，因相异而成长。两个人走到了一起，是因为相同的地方太多而有了很深的联结。但是只要是两个不同的个体，就会有差异，就会有冲突。通过梳理我们爱的历史，暴露出我们之间的差异，看见在亲密关系里的冲突，此时审视自己的机会就来了。不过我们想要化解冲突，延续这份爱，只有以"求同存异"为原则，相互学习，变不同为成长才有可能。

　　你不妨跟随着文中咨询师的引导词，也尝试回忆一下你的爱的历史，看一看在亲密关系中，你是否在运用自

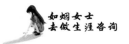

己跟母亲的相处模式？是否有突破这一模式？当改变这一模式后，试着关注一下彼此之间相同的地方是什么？这也许就是你在亲密关系里自己真正的需要，也就是你的爱的标准。

第八幕　华丽转身，不料却优雅撞墙

有生之年探索法

人生的意义不止于追寻快乐，更在于创造价值。

因为忙着适应新工作，如烟这五周都没来咨询室。五周后，同样的时间，如烟拖着疲惫的身躯走了进来，像斗败了的公鸡一样垂头丧气。

咨询师连忙给她倒了一杯水，问道："如烟，怎么了？又遇到了什么事情吗？"

如烟用双手拍了拍脑袋，又摇了摇头，仿佛把自己从神思恍惚中拉了回来，开始细数着这一个多月的变化："等待了三年的升职加薪，终于在离职那一刻得到了领导的允诺。但是箭在弦上，不得不发。我也早已对他们失望至极，不再留有信任。经过一周的思考，我决定换一个工作环境。所以，我人尽皆知地换了自己的第三份工作，并以销售总监的身份开启了新的职业生涯。虽然还是同行业的教育机构，但因为这是我之前的一个客户刚投资新建的，他给了我绝对的管理权限。我终于跳出了之前的框架，有了一种终于可以不受约束、大干一场的感觉。可这幸福的好日子还没过多久，新工作的问题便接踵而来。"

"什么样的问题让你如此神不附体？"咨询师好奇地问道。

"我的前一份工作，个人业绩十分傲人。这也是众多同行想挖我过去的原因。这一个多月我夙兴夜寐，凭一己之力，谈成了30单生意，实现近30万元的利润。这对于初创公司来说，是一个非常好的起步。但是在这周召开的月度会议上，老板虽给了我'月度销售之星'的奖状和奖励，却削去了我销售总监的职位，还当众宣布任命了新招聘的总监。我那么努力，没想到结果却是这样。我真的没办法接受。"

　　"你有去了解一下事情的原委吗？"

　　"去了。老板也很肯定我的努力，看着我为公司的发展日夜操劳，他非常感动。但是对于金牌销售和销售总监这两个职位来说，他认为我更胜任前者。如果只是做销售顾问，我又何必离开之前的大平台呢？如果继续在这做着跟原来的工作内容一样的事情，我的改变又有何意义呢？"

　　"你有了解过，他为何会有这样的判断吗？"

　　"那天，我也当面问了他。他很直白，直白到我无可辩驳。因为这一个月公司的销售利润全是我一个人的业绩。而作为销售团队负责人的我，并没有展现出带领团队的能力。其实我不太喜欢，也不太擅长去管理别人。我又有了离职的冲动，但是我是破釜沉舟式地离开上一家公司的，已经不可能再回去，也不可能再去同行业的其他公司。毕竟我也不想再干相同内容的工作了。可是现在除了做教育销售，我还能干什么？我已经快满三十岁了，我还有机会再转行吗？"

　　"对于所有组织而言，雇主都期待位得其人、人尽其才、才尽其用、事尽其功。所以，站在组织生涯管理的角度，为了达到最佳结果，雇主和员工需要共同管理员工的生涯。只有员工的生涯发展好了，组织的发展才会更好。我想你的新老板就是据此来判断最能发挥你作用的岗位——金牌销售。但是你的发展方向不仅要满足组织需求，还要同时兼顾个人需求，这也是共同管理生涯的一部分，也是你的新老板没有为你考虑到的。由于你的需求变了，你才会如此彷徨不安。是这样吗？"

如烟频频点头。咨询师的话，字字戳中她的内心。听完后，她平静了许多。

"我的需求？"如烟重复道。

"是的。因为满足雇用双方的需求是共同管理的前提，所以只有明晰了你当下的需求，我们才能一起商榷你是否该换工作，甚至是改行，以及如何制订你接下来的生涯目标和计划。"咨询师继续说道。

"那该如何去明晰呢？"

今天我们会对未来进行一次特别的探访，邀请你为自己的有生之年做好安排。我们会问你一些问题，请你根据自己内心的真实想法来作答，答案没有对错之分。

第一个问题是，假如你明天就会去世，也就是说你只剩下不到 24 小时的生命，请你回忆一下，自己还有什么未了的心愿？

如烟听完问题，郑重思考了起来。过了一会儿，她说："我想给自己办一场只有自己参加的告别舞会。房间的地板、四面墙壁和天花板都是镜子。现场循环播放着我最喜欢的那支印度舞曲《女友嫁人新郎不是我》。我跟着节奏，穿着我衣柜中那件爱如珍宝的舞衣，在舞动中不留遗憾地离开人世。"

"这样做有什么特别的理由吗？"

"我的前半生都在为别人而活，从来没有为自己真正活过。

所以，我希望在生命的最后时刻，把自己留给自己，不再曲意逢迎，不再被他人定义。三百六十度无死角地照见自己内心的恐惧和不安，让自己懂得去欣赏自己、接纳自己和肯定自己，最终疗愈自己。"

"为何选择跳舞？"

"我从上小学二年级开始就迷上了跳舞。我记得那是儿童节文艺会演，学校舞蹈队的表演惊艳了全场。我也被深深地吸引住了。我每天都好渴望能被老师选进校舞蹈队，因为跳舞可以引人瞩目，那时我太渴望被关注了。但是由于我当时成绩不好，长得也不好看，家庭条件也差，所以无缘入选。不过，我并没有放弃跳舞，我会在课后去看舞蹈队的训练，然后回家独自练习。那时为了练习下腰，我拿了一根绳子挂在大树上作为辅助，每天后仰一点点，终于有一天练到可以把腰弯到能抓住脚后跟。接着又开始练一字马……这样日积月累的练习，为我高中后得以登上各类舞台打下了坚实的基础。因为有了扎实的基本功，我就可以根据不同的旋律，跳出变换的舞姿。这也是我能跨会计专业应聘第一份工作的原因。只有在跳舞的时候，我才是最自信的。"

"那为何要选择这首曲目？"

"这是我最喜欢的一首歌。虽然中译版歌名并不那么美好，还有一丝悲伤，可是歌曲的节奏却异常欢快和动感。我感觉这首歌就像我的人生，出生并不被祝福，但我却能一笑置之，继续坚毅地活好。所以，之前我跳舞也许是为了博得众彩，然而在人生的终结时，我希望回归自我肯定的状态，包括观众也要变成镜中的自己。"

"看得出来，你很渴望自己对自己的肯定。"

"是的。我总是小心翼翼地活着，一直不敢有自己的目标，不敢思索未来，似乎习惯了活在别人的牵引下，否则担心自己会迷失。就像新领导圈定了以业绩为目标，我就会兢兢业业地扎根进去达成。但是作为销售总监，我却没有力量去要求别人或给别人圈定目标。我很害怕与人发生冲突，害怕别人反驳我和不认可我。"

"就像我们之前探索的那样，这可能是你从小优先选择'讨好'的生存模式所致。但你也发现，讨好并非一无是处，它让你不断地提升自我。我们都知道，能力是因需求而产生的，所以为了满足别人的需求，你提升了能力。只是此时此刻，这些提升的能力该如何满足你接下来生涯发展的需求，是需要我们进一步探讨的问题。"

"您说得很对，其实我已经拥有了很多优势和资源，但是我却很少去看到它们。我想新老板和之前客户的肯定，以及上一家公司愿意升职加薪的挽留，都是因为我所具备的这些能力，能为他们创造价值。所以，还是要回到要弄清楚我当下的需求这个问题上来。"

咨询师莞尔一笑后，继续发问。

第二个问题是，假如你还有一周的生命，问问自己还

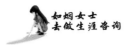

想做的事情是什么？

"我会独自一人回到爷爷奶奶家，我人生的第一个家。回归初心，先去看一看那幢我居住了 6 年多的破旧老宅。然后走一走熟悉的田间地头、草地和山坡，继续感受世间万物的美好，也像小时候那样，累了就天为被、地为席。最后带上最美味的佳肴美酒上山，修一修爷爷奶奶的坟头，跟他们敞开心扉地唠一唠家常。"

"你想跟他们说些什么？"

"爷爷奶奶，你们的阿乖回来了。虽然你们一直不那么喜欢我，但我却依旧对你们的养育之恩心存感激。"如烟抽抽噎噎地说着。平息片刻后，她又继续说道："爷爷，谢谢您！我知道您不喜欢我，您也从不在意我。但是正因为当初您的恻隐之心，我才能在这个世界上生活了二十七年。奶奶，虽然您起初不满刚出生的我。可我知道您是爱我的，您每晚哄我睡觉时，总会用手掌心抚摸我的背，直至我睡着。您知道吗？这是我最有安全感的时刻，那时候我觉得好温暖、好有爱！如果你们还在该有多好。你们辛苦了一辈子，一直向往能走出小村庄，走出小城镇，可是直到生命的尽头也没能达成心愿。我现在工作了，也有了不错的收入。你们不用再担心钱的问题，我会带着你们，去看看外面的世界，体验一下别样的生活。"

"说完这些，你的感受是什么？"

"我很孤独、恐惧。我一直在寻求关注，我很害怕自己因为无用而被抛弃。奶奶虽然外表冷漠，却是第一个无条件爱我的人。离开爷爷奶奶家，为了不被伤害或是怕犯错，我学会了用讨好过活，尽管无意间提升了自我能力，可是有时也让我陷入无尽的焦虑当中。"

"针对你的感受，你会做什么？"

"我不能总祈求别人给我安全感，我也需要自己给自己安全感。"

"如何给？"

"放下自我仇恨和自我抛弃，庆幸自己能生在这个世界，温柔耐心地对待自己，无条件地爱自己、心疼自己、关怀自己、鼓励自己和保护自己。"

"拥有毫无质疑、无条件的爱是每个孩子与生俱来的权利。童年没有得到足够的无条件的爱，是我们最大的失去，而且这种失去永远无法被完全修复。但是我们却可以通过'重新抚育'来做一些补偿，也就是平衡地当好自己的父母。当我们对母爱的需求获得足够的满足时，我们就会发自内心地建立自我怜悯。同样地，当我们对父爱的需求得到足够的满足时，自我保护的能力和为自己说话的能力就会深植内心。"咨询师对如烟的思索应和道。

"这二十七年来，我也是一直这样自己教育自己的，但是我对自己的爱还是不够。因为对自己不仅要有父亲般的严格要求，

更要有母亲般的温柔关怀。所以，我要做好自己的慈母，安抚自己内心的焦躁与不安，不再惯性地逃避。"

第三个问题是，假如你的生命仅剩一个月，又应该如何度过？

"我想用尽自己最后的时间和气力，把自己的经历写成一本书，能写多少是多少。用自己所剩无几的积蓄来出版这本书，无偿送给那些在家庭生活中受了伤的人。"

"这本书你想表达什么？"

"我想现身说法告诉他们，抱怨上天的不公无济于事，沉浸在过去的伤痛中只会越陷越深。只有自己爱自己、自己支持自己以及自己教育好自己，用现实生活中的表现和成就说话，才能真正赢得他人的尊重、认可和支持，才能真正疗愈自己内在那个受伤的小孩。"

第四个问题是，假如你的生命可以延续一年，你会如何安排？

"我会放下所有的事情，按着我之前探索出来的爱的标准，主动去寻找那位能接纳我的过去的精神伴侣，我们很懂彼此、很爱彼此，当然，还要有一定的经济实力。"

"这次怎么增加了'要有经济实力'的标准？"

"上大学以后，我就一直活在生计困扰中。先是做自己喜欢的事情，但收入很低，后来做了收入相对较高的事情，可又没有持久的动力。加上还需要贴补家用，所以钱一向是让我很焦虑的，挣不到钱焦虑，不敢花钱也焦虑，总是精打细算地过活。因此，我不希望再被钱所绑架，虽然不奢求财富自由，但是至少能衣食无忧。"

"听得出来，经济上的压力应该也是你当下需要解决的？"

"是的，而且是最急需的部分。"

第五个问题是，假如生命可以延续两年或三年……你的安排会有变化吗？

"对我来说，不会再有变化了。因为找到了我最爱和最爱我的人，我们会珍惜彼此地过完余生。"

最后一个问题是，回到现在，你最想做的事情是什么？

如烟没有任何犹豫地说："辞掉我现在的工作。"

"此时此刻，为何如此坚定？"

"因为现在的工作给不了我安全感。我想拥有一份收入相对稳定和有上升空间的工作。当前这个机构提供的平台太小了，无论是从收入方面还是从发展方面来说，都会受限。我想要解

117

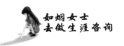

决现时的生计困扰，就需要先到更大的平台锻炼自己，提升
能力。"

"所以，你已经有方向了吗？"

如烟点头道："是。"

咨询师心领神会，两人相视一笑后，如烟满面春风地离开
了咨询室。

我们不必做所有的事情，只需要做有意义的事情。

在这一幕中，咨询师使用了"有生之年探索法"协助
来访者明晰自己生涯发展的需求。这一方法是根据美国罗
彻斯特大学咨询与人类发展系名誉教授霍华德·基尔申鲍
姆（Howard Kirschenbaum）于 1995 年设计的价值观澄清
活动——"完成句子"中的其中一个条目延展而来。

咨询师往往会先带领来访者逼近生命终点，让他有
机会透过未了的心愿，直面人生的终极追求，也就是对自
己人生的意义、活着的价值或一生向往的成就做具体的探
索和整理，看清自己人生的主线。再带领来访者从生命终
点往回走，直至现在。让他在对自己前半生的回忆与反思
中，澄清当下的真实需求，激发内心对未来的纯真期待，
从而拨开迷雾，定位奋斗的方向，并协助来访者采取行
动，以促成令自己更为满意的生涯及个人生活。

你不妨跟随着文中咨询师的引导词，试着探析一下自己人生的终极追求和当下的生涯发展需求吧！

第九幕　大城市，真能改变命运吗

人生重大投资探索法与最喜欢故事法

人生如戏，我们每个人都是自己生活的
导演。

如烟放下了所有的尊严和面子，俯身回到了之前的教育机构。没想到公司领导仍兑现了如烟期待已久的升职加薪，任职区域销售经理，带领十个人的团队。如烟的个人能力是毋庸置疑的。

相较于之前的高调和迷茫，如烟这一次的回归，显得更加内敛与坚定。她知道，自己必须一往无前，毕竟已无退路。目前她只有补强自己管理能力的短板，才有可能不再为生计而愁。

在工作方面，如烟先用了一周时间进行了销售管理知识的系统化学习，并梳理和总结了自己这几年的销售经验，同时尝试将它们标准化和流程化，还辅以沟通话术。

如烟发现，自己销售成功的关键在于：在客户面前，始终保持微笑，能够站在客户的角度去思考问题，能够运用幽默的语言营造轻松的沟通氛围，跟客户建立良好的客情关系，赢得客户的信任和好感。做到专业聆听，让客户多表达，这样客户待解决的问题就会慢慢呈现出来，然后聚焦公司产品，为客户给出最佳的解决方案。

有了这些准备，如烟在部门内部又开展了为期两周的集中培训。首先，以自己过往的销售案例为培训素材，运用实战案例分析和情景模拟演练等方法，系统演示和指导部门成员从开始拜访到成交的销售工具和方法。其次，全面整理了区域客户信息，对客户信息按照维系老客户和挖掘新客户进行部门成员配对管理。最后，逐一分析被过去标签化的"死单"，即不再有销售机会的单子，争取让"死单"复活。

这一次如烟没有选择逃避，并改善了总是鞠躬尽瘁与人交往的状态。她不是一味地以领导的高姿态去批评、指责或命令部门成员，相反，就像爸爸对她做的那样，她总能发现部门成员的闪光点和微小的进步，并及时肯定他们。部门成员每天就像被打了鸡血般热血沸腾。

就这样，在如烟和部门成员的共同努力下，销售成果渐渐显现出来，业绩开始逐步攀升，区域业绩也从在公司垫底变成了鱼跃龙门。如烟的管理才能得到了前所未有的锻炼和提升。事后，她也感慨自己一直不敢突破的管理能力，当开始行动后，会在日进一卒的坚持下，不知不觉地达到了曾经觉得可望而不可即的水平。

一年后，如烟也成功晋升为公司的销售副总监。

如烟深刻领会到，为什么之前自己工作很努力，能力也不错，领导却不提拔自己。因为领导更看重贡献度，做得多不代表贡献大。所以，升职加薪的切入点，是超越预期地完成领导交代的任务。

而在生活方面，如烟开始践行着爱自己的承诺。她拿出了自己的所有存款，把自己租住的房子精心装饰了一番。过去她总觉得租别人的房子就是随便住住，只要干净整洁就行。但是拥有世外桃源般的生活环境，却能给人气定神闲之感。所以，除了上班忙碌的日子，平日中的如烟都会放慢脚步，很用心地经营着她的生活。第一，尽量自己做饭吃，健康饮食，每周至少给自己煲两次汤。第二，每周至少有一天的放空时间，不想任何工作。或在家种植花草、打扫房间，又或跟闺蜜逛街聊天、看电影，抑或周边一日游等。第三，不再排斥相亲，只有接触过才知道对方是不是自己的真爱。

有一句话叫作，有的人在生活，而有的人只是活着。如烟不想再平静绝望地活着，她想要真正地享受生活。

就这样，如烟的生活开始变得顺风顺水起来。

一晃，离上一次咨询已经过去了一年半……

如烟再次走进了咨询室。经过一年半历练的如烟变得更加自信、干练和沉稳，穿着也更加时尚、优雅。但是那个熟悉的不安感也再次袭来。

"我在职业上的快速发展，也加剧了父母催婚的节奏。他们还表达了希望我定居广州的心愿。其实，我也很焦虑，毕竟自己已步入三十岁，甚至是奔四的行列。因为之前的情感创伤，我已拒绝了多名仰慕者、追求者，甚至不怀好意者。也正因如此，最近我还遭遇了前所未有的职场危机。"如烟一开口就直击自身问题。

"什么样的职场危机，让你如此慌乱？"

"我的直属领导某天私下约我，我觉得他图谋不轨，没有半分迟疑，直接当面拒绝了。可他是一个阴险小人，表面上继续跟我保持友善的上下级关系，但是背后却开始制造各区域销售经理的纷争，挑起事端，离间我跟他们的关系。他用实际行动证明了，得不到你，我就毁了你。我被这事困扰得都无心工作了。公司大领导看到我状态不对，也和我约谈了好几次，但是

我却有苦难言。我已束手无策，不知道该如何应对？我不知道是要继续这样待下去，还是直接辞职离开？"

"你最担心的是什么？"

"担心？"

"是的，比如担心离开公司后找不到更好的工作机会，还是担心无力应对直属领导的无理针对。"

"我不担心自己找不到好工作，这一年半的锤炼让我在面对新鲜事物时不再害怕。因为只要目标明确，下了足够的功夫，自然会取得成功。"如烟冷静了一会儿，又说："其实我也不担心他的无理行为。因为他离不开我的贡献，如果我真走了，他也没办法跟大领导交代。所以，我想他的针对也只是短时间的情绪发泄罢了，毕竟目前我在公司是无人可替代的。"

"那你担心什么？"咨询师又再一次重复问道。

"通过他，我看到了自己的没底气。"

"没底气？"

"是的。我在广州打拼快八年了，但是始终没有归属感。我一没背景、二没资源、三没房没车、四没存款。这八年只收获了一身饿不死的能力。我不像现在的许多年轻人那样，没房没车，一个远程电话，原生家庭就能东拼西凑上，至少也能付个首付。可是我呢？面对高昂的房价，虽有还贷能力，却没有那几十万的首付。有时感觉自己的心就像个'流浪汉'一样，在不同的出租屋里飘荡着，安定不下来。我想就是因为这种状态，才让那些不怀好意的人发现了我的软肋。"

"所以，在广州拥有一套属于自己的房子，对你来说，才算安稳、有底气，是这样吗？"

"这是我内心的期待，但现实却是如此的残酷。对未来我已经没了信心，拿着外人看来所谓的高额收入，可三下五除二之后，所剩无几。我对生活和工作也渐渐没了激情。我再次萌生了，究竟是继续留在大城市，还是逃离的念头。如果真的离开，我该去哪里？去了那里，我又能做什么？我能买得起那里的房子吗？买了房，我的内心就能安稳了吗……"如烟述说着自己的担忧和顾虑，边说边丧气地摇着头，"我已经不知道自己想要什么了，之前所做的一切都是为了向父母证明自己，证明自己虽为女儿身，但依然可以优秀，可以让父母感到自豪。这一路走来，证明了自己之后呢？我仿佛又一次丧失掉了前行的动力，感觉自己过去的坚持和努力似乎毫无用处。"

"你觉得我可以怎么帮助你？"

"最近因为现实的打击让我太过沮丧了，我害怕会影响自己的工作和生活，所以期待您能帮我找回些许的自信和生活的目标。我很想改变，但却不知从何处着手，从未有过的无力感涌上心头。"

"如烟，看得出你很急切地想要改变现状。可问题也不是一天两天形成的，改变也同样需要有一个过程。"

听完咨询师的话，如烟点了点头。

人受时间和精力所限，我们总会有意无意地将其投注

在对我们有价值的事物上。所以，挖掘和分析我们这些不等量的时间和精力的投入，既能看清自己当下可能的生活目标，又能发现自己当下焦虑的根源。故而我会邀请你回顾一下过往"你的五项人生重大投资"以及可能威胁到投资的最严重情况。例如，配偶是你的一项重要投资，而可能威胁此投资的最严重情况即为离婚。

咨询师说完后，把一张空白表单递给了如烟。

如烟渊思寂虑许久后，在投资项目相对应的空格中依序填入工作胜任、兴趣满足、生活享受、家庭维系及情感关注。而对应每一项投资最严重的情况，如烟又分别写下：被辞退、没时间、没时间、不支持及没时间。（如表 9-1 所示）

表 9-1　如烟的五项人生重大投资

五项人生重大投资	可能威胁到投资的最严重情况
（1）工作胜任	被辞退
（2）兴趣满足	没时间
（3）生活享受	没时间
（4）家庭维系	不支持
（5）情感关注	没时间

"看到这些，你的感受是什么？"咨询师发问道。

"过去我花了太多的时间和精力在工作的胜任上。所以，两年前，我也开始关注生活的享受和兴趣的满足，特别是兴趣的满足，当我利用休息日重拾舞蹈的兴趣后，感觉自己的生活质量也有了极大的提升。我似乎不再只为工作而活。虽然父母不再给我更大的压力，但是这几年情感生活的空窗，加之近期工作又开始占满了我的生活。因此，凭一己之力始终无法在广州安家的焦虑感骤然升高。"

"我也看到你在描述兴趣满足、生活享受和情感关注的投资时，最严重的情况均为没时间。"

"是啊，我想掌控自己的时间，特别是拓宽工作外的时间。但是工作似乎不让我掌控。"

你心目中最理想的"五项人生重大投资"是什么？

"做自己感兴趣的工作，有一位关系对等且有精神共鸣的另一半，有时间享受生活，定期学习新技能以及做好原生家庭的维系。"

"你认为是什么阻碍了你达成这种理想的状态？"

"我很少去主动规划自己的生活，都是被现实推着走。而我的现实就是挣钱。原生家庭的认可需要钱，生存生活需要钱，在大城市安家需要钱……"如烟很无奈且又心有不甘地说着，"挣钱已经成了我生活的全部，我拼尽气力走到今天，所以不敢懈怠半分，哪怕有时会牺牲掉自己的闲暇时光，我也未曾有过怨言。我害怕不被老板欣赏、不被下属认可、不能让客户满意。

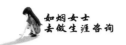
更让我无助的是，我为现在的工作投入越久，感觉离自己的理想期待越远。特别是随着年龄的增长，我早已没有信心去重拾兴趣，更何谈将其转换成一份能保证自己生活品质的工作。"

"进入你的内心，告诉我你现在的感觉是什么？"

"我不想再这样过活，我想改变。如果我的生活仍只以挣钱为目标，终有一天我会走入迷途的。因为钱，它太不确定了。有时不是说我努力了就一定能被老板欣赏、被下属认可和让客户满意。"

"那你认为生活应该是怎样的？"

"我不想再以外在的工作要求或物质回报作为生活的唯一目标，但是我还能找回自己真正感兴趣和做自己感到有意义的事情吗？"如烟有些萎靡不振。

> 接下来，我会引导你回忆自己最喜欢或对你影响最深的一本书或一部电影。通过分析与这个你最喜欢的故事相关的问题，可以澄清你的核心生活问题、如何解决问题的想法以及自己的未来愿景。所以，我很好奇，你最喜欢或对你影响最深的书或电影是什么？只列举出一个就行。

"我最喜欢的电影是《大话西游之大圣娶亲》，总是反复看。"如烟不假思索地说道。

"跟我讲讲里面的故事，要特别指出故事的情节、重要场景和转折点。"

"影片讲述了佛前灯芯紫霞仙子，想要做一个快快乐乐的凡人，而不是整日与同为灯芯的姐姐青霞仙子缠绕。为此，她偷下凡间，寻找真爱，并誓言，只要谁能拔出自己手中的紫青宝剑，谁就是她的意中人。在寻爱的路上历经重重磨难，她发现至尊宝是自己的如意郎君追求未遂后，迷失在大沙漠，被牛魔王救出并遭其逼婚。虽然终于等到了盖世英雄悟空（至尊宝所变）踩着七色的云彩而来解救自己，但是戴上紧箍咒才恢复强大法力的至尊宝，其代价是失去了情欲和对紫霞的爱的记忆。影片最后，紫霞为了保护至尊宝被牛魔王一叉刺死，最终她爱而不得，带着遗憾离开人世。至尊宝和紫霞仙子尽管到最后也没能修成正果，但是城楼上那相仿的两个人，至少给了他们一个前世未果而今生圆满的结局。"

"对于这部电影，你有什么感受？"

"这个剧情仿佛也在我的生命中上演着。我一直想摆脱原生家庭对我不公的枷锁，很想追求真实的快乐，找到真正爱我、知我、懂我的人，筑造一个真正属于自己的家。可是我的盖世英雄，却迟迟不来。"

"电影的什么方面对你产生了影响，是情节、人物角色还是某个场景？"

"电影中紫霞仙子单纯执着、敢爱敢恨的性格，敢于尝试的勇气，以及对美好未来的向往，都深深地打动着我。我希望自己能像紫霞那般洒脱，为了达成心中的目标，不畏惧权威和现实阻碍，不畏首畏尾，拼尽全力，哪怕结果不那么尽如人意，

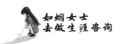
也无怨无悔。"

"现在想象你和紫霞仙子面对面交流，你说了什么？她说了什么？请把这些对话写出来，不要思考，就好像笔自己在纸上书写一样，让这个过程完全是不由自主进行的。"

如烟：紫霞，我可以这样称呼你吗？没想到有机会与你以这种方式交谈。我很羡慕你，你不会贪念当下的舒适和习惯，当心中有了想法和目标，就会敢于去尝试和追寻，哪怕遍体鳞伤。看着你那瘦弱的身体，不知你哪来的这么强大的信念。而我现在只敢蜷缩在习惯了的舒适区，想突破，却没有勇气。我真的很无助。

紫霞：如烟，其实每个人都喜欢待在舒适区，因为这是我们最能控制，也是最有安全感的空间。就像之前我作为佛前的灯芯那样，被世人羡慕，能亲近权威。但是这种舒适也是有代价的，就是跟姐姐青霞缠绕的束缚与内耗，我们都没办法去追求各自心中所期。所以，当我意识到这一点后，就开启了改变模式，为了寻找自己的爱情不顾一切地私下凡间。尽管最终结果也并非圆满，但是至少我尝试过，没有遗憾。我的力量就是来自有了坚定的目标后，不达目的誓不罢休的坚持。因此，让你突破舒适区的那个坚定的目标，你有吗？

"请你说出自己与她对话后的思考。"

"这段对话犹如一剂强心针，句句直击我的内心，我也知道要改变，但是这两年因为在舒适区待久了，更害怕改变。喊着期待改变的口号，从不具象改变的方向，加上一堆拖延的借口，最终活在各种自我挣扎当中。"

"这个故事与你当下的经历有什么关系？"

"我感觉自己与紫霞仙子同病相怜，惺惺相惜。她与命运搏斗的历程，正巧是我当下的遭遇。所以，她解决问题的方法给了我很大的启示。我也只有先坚定自己的目标，才能真正打破这份习惯和舒适。"

"那你改变的目标有变得清晰吗？"

如烟粲然一笑，说："我也想要为爱痴狂一次。"

咨询师画外音：我们是勇闯北上广深，还是逃离北上广深？其实真正起决定作用的还是你自己，毕竟没有尝试过，总会陷入无尽的后悔。如果你的自我管理能力还不错，大城市除了有较高的生存压力和竞争压力，还有磨砺心智的平台和机会。

美国心理学家、沟通分析学创始人艾瑞克·伯恩（Eric Berne）认为，每个人的生活都遵循着一个预先设定好的剧本。

在这一幕中，咨询师使用了"人生重大投资探索法"和"最喜欢故事法"协助来访者发现他当下的生活脚本，以了解他采用哪一个故事来形塑自己的人生。"人生

重大投资探索法"是美国临床心理学家克里斯多夫·柯特曼（Christopher Cortman）和哈洛·辛尼斯基（Harold Shinitzky）于 2009 年在其著作《心灵疗愈自助手册》中介绍的方法，而"最喜欢故事法"则是生涯建构理论的提出者萨维科斯经由多年的实务经验于 1989 年所创。

我们每个人的生活脚本是如何写出的？又是如何运作的？萨维科斯指出，无论是构建生活意义还是做出选择，我们都是用最喜欢或受影响最深的故事指导我们的生活。我们通常会被与自己有类似困境的故事情节所吸引，在这些故事里，我们看到自己的模糊轮廓、目前的情况、潜在的梦想，甚至尚未成型的早期计划。所以，想要了解一个人，我们只需要探寻他最喜欢的故事即可。分析他最喜欢的故事，了解在他脑海中重现的文化故事以及回荡在他生活中的真理，反思其意义，便可帮他澄清下一步可能的行动方向。

萨维科斯对咨询师操作"最喜欢故事法"的提醒是，来访者说出故事名称后，咨询师会要求他说出故事的内容。这时咨询师必须仔细聆听来访者如何用自己的话语来描述这个故事，并要听出该故事脚本是如何整合到他自己的经验当中的。

你不妨跟随着文中咨询师的引导词，回顾一下自己过往的"五项人生重大投资"，同时通过分析自己最喜欢的故事，看看自己当下的生活脚本吧！

＿＿＿＿＿＿的五项人生重大投资

五项人生重大投资	可能威胁到投资的最严重情况
（1）	
（2）	
（3）	
（4）	
（5）	

＿＿＿＿＿＿最喜欢的故事

第十幕　一碗猪脚饭无意中换来的情缘

善用机缘四步法

机缘不是我们等待而来的，而是我们创
造出来的。

如烟在梦中幻化成了紫霞仙子，她与至尊宝的爱情并不像电影中那样，结局异常圆满。如烟露出了油然而生的甜蜜笑容。

"我的意中人是个盖世英雄，有一天他会踩着七色云彩来娶我。"如烟猛然醒来，重复着剧中台词。她渴望那种被爱的感觉，渴望有人可依，不想再一个人硬扛着。

如烟开始为了寻爱"火力全开"。她不再拒绝亲朋好友的介绍，用相亲充斥着自己的休闲时光，努力地去了解每一个可能的缘分。

一转眼，半年时间过去了……

有一句话叫作，世上无难事，只怕有心人。如烟努力后的现实却是，世上无难事，只要肯放弃。她期待的缘分始终求之不得。

之前是因为害怕，不敢再爱。现在是因为想爱，却遇不到爱。如烟也只能把这一切归咎于自己成为大龄剩女后，早已花容失色，看着自己的身型，自信全无。

如烟走进咨询室后，垂下脑袋，一副无精打采的颓样，像瘪了的气球，开始诉说着最近求爱过程中的沮丧。

"人生充满着各种偶发事件，我们很难通过理性来预测和掌控，所以有些事情努力也未必会成功。"听完了如烟的苦诉，咨询师回应道，"但是那些被我们归为幸运的成功事件，却是因为我们做了什么而获得的。也就是，既在意料之外，又在情理之中"。

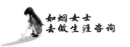
如烟似懂非懂地望着咨询师，重复到："意料之外，情理之中。"

咨询师见状，开始引导如烟进行探索……

> 抓住机缘是因为我们以为没做什么，其实已经做了什么。因此，当我们面对不确定的偶发事件时，必须得保持好奇心和乐观开放的态度，并持久性地采取行动，即使遇到挫折仍要坚持。

"那我要怎么做才能抓住机缘呢？"如烟听了咨询师的讲解，疑惑地问道。

> 第一步，我会邀请你试着回顾自己过往生涯发展过程中的偶发事件，想一想自己当时是因为有了什么样的行为才导致这些偶发事件出现的。

"现在仔细想想，我每一次的职业转换均是得益于偶发事件。当初面对第一份工作选择时，原本学会计专业的我，理应找寻财经类的职业。可是酷爱舞蹈的我，因为在大学时期的各类舞台上有过不俗的表现，在陷入毕业季迷茫的状态时，校舞蹈队的指导教师给我带来了希望，推荐了一份中学舞蹈老师的工作，我毫不犹豫地选择了它。"

"那你认为是何缘由导致了这一偶发事件的出现？"

　　"学校舞蹈队的指导教师其实是我的贵人，当她在芸芸众生中发现了我之后，我们的缘分一直延续至今。我很感谢她的信任和赏识，同时也感谢自己的努力和坚持。她积极为我创造了诸多展示自己的机会，而我也从未让她失望过，各种荣誉接踵而来，当时同学们都亲切地称呼我为'舞蹈皇后'。所以，这一偶发事件的出现，是我以实力服人所致。"

　　"还有别的偶发事件吗？"

　　"我第二份工作的获得也是源于机缘。"如烟继续分享着她的故事，"我之前也说过，第一份工作虽满足了我的梦想，但却无法支撑我的现实。为此，我有了换工作的念头。俗话说，无巧不成书。就在我为换啥工作发愁时，一位热心的学生家长给我带来了现在这家教育机构的招聘需求，她刚好认识公司的人事经理，极力推荐了我。她觉得我只做一名舞蹈老师，真是屈才了，特别是目前这份工作的收入和能力是不成正比的。她认为我还有更大的发展空间和更多的可能性。正好那时我正面临经济上的困顿，所以，看在薪资的'面子'上，我换了工作。"

　　"现在回想一下，你是因为做了什么，才让她有这样的举动？"

　　"一方面，她的孩子是我们那个中学舞蹈队的成员，我曾多次为他们编排舞蹈并获奖。所以，我想是自己对这份工作认真负责的态度和傲人的结果打动了她；另一方面，一次给孩子们排练的间隙，我们深入交谈过，因为信任她，我无意间向她吐槽了一下自己的低收入。"

如烟又继续述说着自己第三份和再次回归第二份工作的经历，用她的话说，都是有贵人相助。而反思贵人为何会伸出援手，无一例外地都是因为她"用真心待人、以实力服人"的生活态度。

> 第二步，将好奇心转化为学习与探索的机会。回顾过往的这些偶发事件，你有发现自己对什么感到好奇吗？

"想要获得认同，之前是渴求爸爸的认同，到后来是客户和领导的认同。"

"你当时做了什么来提升自己的好奇心？"

"想尽办法了解对方的需求，不断提升能力或调用资源来满足他们的需求，直至获得认同。"

"能举个例子吗？"

"我在中学舞蹈队担任指导老师时，家长都希望孩子的舞蹈学习有结果，但是因为自己并非舞蹈科班出身，我内心十分胆怯。所以为了学习编舞，自己淘了很多舞种的视频，并且在出租屋内安装了一整面墙的镜子，每天下班回来后，开始对着镜子临摹自学。同时每周末还会回到大学，找我的舞蹈教师对每一个舞姿进行指导。每当参赛前，我会先选定几首曲目，开始在出租屋或舞蹈室中进行创新性试跳，最终敲定一首曲目，把动作逐一编排出来，带着孩子们进行舞蹈训练。整个过程中，我已经不在乎要拿什么名次或奖励了，就是自己很享受，也带着孩子们享受。因此，孩子们都变得发自真心地热爱舞蹈，而这份热爱也最终感动了家长和评委。也应了那句话，有心栽花花不开，无心插柳柳成荫。"

"这份好奇心对你生涯发展的意义是什么？"

"因为好奇，所以行动。有了行动后的结果，才可能有贵人出现。似乎一切的收获都跟自己的付出有关。"

"的确如此。我们只有参与到各种有趣或有益的活动当中，将好奇心转化为学习与探索的机会，也就是学习能够成功完成每个新活动所需要的技巧，才是我们创造和抓住机缘的关键。"咨询师总结回应道。

第三步，过去成功事件的历程可否套用到这次的偶发事件或创造自己希望的偶发事件。

"告诉我，如果可以的话，你希望碰到什么样的偶发事件？"

"我当然是希望能够更早地遇见自己的缘分了。"如烟低眉垂眼地回答道。

"你现在可以做什么来增加这个偶发事件发生的可能性？"

"我不能像之前那样盲目地去相亲，而是应该从熟络自己能力与优势的朋友、同事和客户切入，告诉他们我的诉求和标准，借由他们的人脉资源来连接这种可能性。就像我之前在职业发展中的成长那样，他们既可能是我职场上的贵人，更可能成为

我生活上的贵人。"

"如果你那么做的话，你的生活可能出现什么改变？"

"那样的话，我每天将不再只专注于工作，开始有了更多生活空间的拓展。毕竟了解彼此需要时间。"

"如果你什么都不做的话，你的生活可能有什么改变？"

"除了继续没日没夜地工作外，为了充实闲暇时光，我可能还会增加新的工作项目，彻底用工作麻痹自己。"

"此时此刻，你的感受是什么？"

"我不想再这样下去，我想打破这种应对模式。"

"所以，我们需要进一步澄清一下，是什么在阻碍你去打破这一模式。"

如烟点点头。

> 第四步，克服实践过程中的障碍。

"我很好奇，是什么让你一直没有去做你想做的事？"咨询师继续追问。

"我给别人的感觉一直是事业成功的独立女性，不愿被儿女私情束缚。所以，除了主动追求的同事外，我要好的同事、朋友和客户很少当面谈及这方面的话题。因此，拉不下面子的我，也不愿戳破在他们心目中的这层印象。正因如此，我的交际圈看似宽泛，实则暴窄，窄到交际只为谈工作。"

"你要怎么评估这个障碍的持久性？"

"如果交际圈只为工作，而不服务于生活，那这个障碍将永久存在。因为交际几乎占据了我大部分的时间，它会百分之百地牵引着我以工作为中心地活着。"

"你打算如何克服这个障碍？"

"我打算咨询结束后，立马编辑一段'征婚启事'，利用微信发给杵臼之交的朋友、同事和客户。"

"我很好奇，这样做有什么特别的含义吗？"

"我害怕延迟去做，那个要面子的我又回来了。"

"这种感觉对你来说是否很熟悉？"

"是啊，那份所谓的面子，总是让我外表故作清高，而掩盖了内心的渴求。就这样，错失了很多连接可能缘分的机会。"

"所以，这次你不希望给面子留后路，是这样吗？"

"是的，有时感觉自己会被面子控制。"

"那你决定如何应对？"

"我会在离开咨询室的第一时间，也给您发那段'征婚启事'。如果您今天之内没有收到，能否给我发一个微信。就写四个字：征婚启事。"

"也就是说，你希望我作为你行动的监督者？"

如烟点了点头，说："如果我又被面子控制了，只有看到了您的信息，再次唤醒了今天的咨询感受，我才更有勇气战胜它。"

没想到在跟"面子"的无数次交锋中，这次如烟终于战胜了它。咨询结束没多久，咨询师就收到了她的"征婚启事"。面

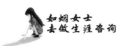

对这件事，她不再婉约，不再为了所谓的面子，也许会为了自己的一时冲动，有一丝后悔，但是那已经不重要了。毕竟为了自己的缘分，她已经开始尝试克服障碍。

如烟为了应对人设的突然转变，忙着回应朋友、同事和客户的各种热情反馈，接下来的两个月都没来咨询室。

某一天，咨询师收到了如烟的微信：一碗猪脚饭无意中换来了我的情缘。

缘分到底是天注定，还是事在人为？

美国斯坦福大学教育心理学教授、社会学习生涯理论和偶发事件学习理论的提出者约翰•克朗伯兹（John Krumboltz）从1999年开始一直专注研究机遇、巧合、意外等偶发事件对我们生涯发展的影响，他最终用自己的实证研究应验了那句老话——先尽人事，再听天命。他认为，偶发事件在每个人生涯中扮演着很重要的角色，造成我们生涯重大影响的意外事件其实并不特别，因为意外并不意外，一切幸运都绝非偶然。而幸运，也是由于我们做了什么而获得的。所以，缘分是需要我们自己去创造的，且创造也是有方法可循的。

在这一幕中，咨询师就使用了克朗伯兹在咨询实务中总结的"善用机缘四步法"，具体操作如文中所述。这四个步骤的设计是为了协助来访者能善用生活中所发生的很多偶发事件，这里面包含了自己职业发展中的机遇、家庭环境和当前所处的环境、自己生命早期和后来发生过的不可预测的事件等，并在生涯中看见自己的努力和精力的投注，同时主动积极地探索与开发各种可能性，激发来访者的求知欲、坚持、弹性、乐观及冒险等精神，创造生命与生涯发展更多的机会。

　　长远来看，要使偶发机会出现，咨询师必须鼓励来访者有开放的心态。尚未做出明确决定时，我们可能会更加开放，选择方向更加灵活，会更加乐意接受潜在选择，且更愿意承担偶发机会带来的风险。因此，我们需要增加对模糊性和犹豫性的忍受度，降低焦虑，把眼前能做的事情做到极致。这样，下一步的行动路线自然就会出现。

　　如果你当下正陷入迷茫，你不妨跟随着文中咨询师的引导词，通过分析自己过去非计划性的成功经验作为此刻行动的基础，看看能否敏感地找出机会吧！

第十一幕　我虽恨嫁，但闪婚会幸福吗

未来生涯幻游法

不完美才是最真实的生活，试着放过
自己。

时隔两个月，如烟再次来到咨询室，滔滔不绝地叙说着自己制造的"缘分"，详述着一碗猪脚饭无意中换来的情缘。

"这真是一段我意想不到的感情。因为上次咨询结束后，我虽广而告之，但起初还是收效甚微，朋友们也大力推荐了，可始终无法找到让自己感到心灵相通的伴侣。正当我再次失望之时，某一天中午，到了饭点，正准备出去觅食的我，看见工位角落还有一位正在加班的同事，我们其实并不熟络，平时的交集也不多。那天的我，不知怎么了，鬼使神差地邀约她一起吃午餐，我们心有灵犀地同时选择了公司楼下的一家猪脚饭。用餐初期，我们都有些拘谨，她的一句感谢，慢慢打破了僵局。交谈中，我才得知自己原来是她的职场贵人。一年前，在面试中屡屡受挫的她，是我帮了她一把，才让她进了公司。其实我早已忘了细节，只记得当时她身上展露出的做事认真、踏实的态度，让我回想起了当初的自己。她一直想找机会感谢我，可是总觉得身居高位的我难以接近。随着了解的深入，我们发现了更多彼此的共通处，颇有相识恨晚之感。就这样，我们彼此的交流开始增多。她也主动问及了我的感情生活。因为看见我每天都很忙碌，她很好奇我是如何平衡工作与感情的。我也第一次放下所谓的面子，跟这位熟悉的陌生人没有负担地全盘吐露了自己工作外的真实生活。就当作一次压力宣泄吧！没想到，她如此专注地聆听，并地毯式搜索后，提出了她心目中的最佳人选——一位技术工程师，她邻居的大学同学，最近刚从北京

151

调到广州。'我觉得他就是符合你情感期待的那个人。'她补充道。你愿意跟他结识一下吗？我没有一丝犹豫地点头同意了。她立马联系，就此我跟他加了微信……我的春天真的来了！"

"还真的是一碗猪脚饭无意中换来的情缘。"

"是啊！没想到自己曾经无意帮助过的女生现在居然变成了我的贵人。我种下了她工作的因，她却结了我缘分的果。"

"的确，一切幸运都绝非偶然。陪伴你这一路走过来，看到了你的不容易，但是你一直坚持真心待人、实力服人，也终于换来了你的情感回报。今天听你细数着自己创造出的缘，我由衷替你开心！"咨询师肯定道，并接着询问着："除了分享你的喜悦，今天还有什么原因让你来到这里？"

"虽然我们认识不到两个月，但是随着我们的情感急剧升温，恋爱速度一直在变快，处于炽热期的我们，已开始谈婚论嫁。特别是几天前他已经向我求婚，我虽恨嫁，也一直期待这一天的到来，可是真的到来之时，我又犹豫了。我们还没有到完全了解彼此的阶段，当热恋过后，我们身体血液中的多巴胺和血清胺不再活跃，步入婚姻的我们，还原了彼此最真实、最朴素的样子，还能像现在这样相爱吗？"

"你希望我怎么帮你？"

"我不知道自己是否要闪婚。我们两个的年龄都已经不小了，我们都背负着家庭的逼婚压力。经过两个月的相处，他觉得我们很合适，所以当机立断。可是我却没办法如此冲动，因为年龄已经让我没有试错成本了。"

"那先把你对闪婚的担忧都说出来吧。"

"首先，虽然我俩都有可观的收入，但是想在广州这座大城市立足还是很有压力的，最急切的问题就是买房。因为他刚到广州发展，我们这两个月都是租房住。这个问题他没提及过，我也不方便问，因为我们都是各自管理自己的收入。我想婚后可能还会是这种状态。他也曾问过以后要不要去他老家重庆生活，那里已购房。这样我们的生活成本确实降低了，可是我也很纠结是否能放下广州的一切。其次，他是做技术工程的，他们公司的业务遍及全国，所以他未来会经常出差。我们可能会呈现聚少离多的状态，这两个月因为他刚到广州分公司，所以还没怎么忙碌起来，我已无法想象婚后我们异地恋般的生活。再次，他是一个很会照顾人的人，跟他在一起的这段时间，我感受到了前所未有的舒适感，可是他的过于细致有时也让我抓狂。我们已经为此争吵了不下五次。还有，他是一个大孝子，他甚至会为了他爸妈的面子，倾其所有。最近为了满足他妈妈亲近娘家的想法，'斥巨资'在靠近他妈妈娘家的县城买了幢别墅，我们在广州都还没落地生根，他似乎从来没有想过我们的未来，在我看来，这有些愚孝，因为他爸妈在重庆市区已经有了两套房子。最后，他的重情重义也会让人愤怒。我最近才了解到，他在认识我之前，为了帮助好兄弟在广州购置房产，甚至有想过要卖掉自己在重庆的房产。这些都滋生了我对未来的不安全感。所以，我至今都不敢答应他的求婚，一直选择缄默。"

"面对这种不安全感，我很好奇，你都做了些什么？"

"我也尝试过跟他多次沟通，但是他老是逃避这个问题，有意地避重就轻，总是用一句'船到桥头自然直'来搪塞我。我不想因为这些问题失去上天难得给到的缘分。我已经完全没招了。"

说完，如烟狠狠地埋下头颅，长叹了一口气。

"你对他的期待是什么？"

"他既然选择与我共度余生，我还是希望他能多为我们的未来想想。"

"那你向往的理想生活是什么样子的？"

如烟沉默了一会儿，说："虽然我没细想过这个问题，但是我一直梦想着能跟自己喜欢的人在一起，做着自己喜欢的事情，直到白头。"

"所以，现在你真正担忧的是什么，是人，还是事？"

"其实我也不是很清楚，可能是我们认识的时间不长，彼此还是不够了解，也可能是我们还没来得及共谋未来吧！"

如烟有些消沉。

"当我们困于当下时，毫无头绪，似乎有千万种可能，一切变得混乱不堪。其实很多事情我们只有先说清楚，才有可能成功地做出来。毕竟没有愿景就无法行动，没有行动哪有成功的可能？"咨询师回应道，并试着带领如烟进入体验环节。

接下来，我会邀请你进行一次特别的练习，那就是对

10 年后的自己进行一次奇妙的探访。这是一个协助你绘制未来蓝图的过程。而构建未来的蓝图并不是一个确定的最后选择，而是帮助你通过勾勒自己对未来的初步设想，采取必要的行动来验证。

如烟聚精会神地聆听着咨询师的引导，不时点头示意。

找到一个很舒服的姿势，然后闭上眼睛，请你尽可能放松自己，现在调整你的呼吸，让呼吸变得缓慢、长久、深沉。用鼻子吸气，坚持一会儿，再用嘴巴呼气。轻松地、毫不费力地吸气，接着呼气。每一次的呼吸都令你更放松、更舒服。外面的声音反而让你呼吸得更深沉，要清楚地意识到自己的呼吸情况，它提醒你，将噪音和外部世界的压力抛到一边转而进入一个安宁平和的内心世界。

保持这样平稳的呼吸，接下来，放松身体每一部分的肌肉，放松……放松……放松……

当你更为放松时，你会发现自己变得越来越安静平和。现在请你将注意力放到两眼中间的一点上，即第三只眼。想象那里有一道光。你两眼中间的那道光是什么颜色的？现在想象那道光成了一条光束，它开始向空间外延伸。

在咨询师的引导下，如烟的呼吸不再那么急促，焦躁的

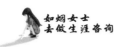

情绪得到了一定的缓解，整个人慢慢放松下来。她头脑中浮现出一道蓝光，因为这是他最喜欢的颜色。通往未来之门即将打开……

> 你开始沿着这条光束一起离开这栋楼，进入城市上空，再继续向外，这样可以看清整个区域。你继续向外延伸，进入外层空间，这时可以注意到地球圆弧形的轮廓线。注意看，在你下面是一个巨大的蔚蓝色球体，上面有白色的云雾缭绕。先让自己欣赏片刻吧。
>
> 现在注意，在你附近还有另一束光。它与引导你进入外层空间的那束光的颜色不同。

如烟头脑中浮现出了自己喜欢的白色——一束白光。

> 你开始沿着它返回地球。它带你去到已是十年后的地球——未来的世界。你一直跟着这束光下落。注意，在你下方蜿蜒的是呈圆弧形的地球轮廓和地球上的各种地貌。当你接近该光束的尽头时，要一直注意你的方位。这就是未来的你在十年后居住的地方。踏上地球后注意看看你在什么地方。注意你周边的自然环境是什么样的。

"这是繁华都市里的一片高层住宅区，小区背靠原生态山林，山林中水库的活水沿着山体流入小区的大小湖泊中，湖泊被翠绿的植被包围着，各式结构的桥梁横跨于上，成群的锦鲤在清澈见底的湖水中畅游着。这些湖泊、植被都贯穿在楼栋之间，描绘出了一幅幅山水园林画。环绕小区还有一条约 2 公里的跑道，跑道两侧每一季都会有鲜花绽放。"如烟描述着看到的画面。

现在到达未来的住所前。它看上去怎样？周边景色如何？有树吗？有花吗？什么花？感受一下这个地方。

"我顺着小区湖边的樱花大道走着，看着飘落满地的粉色樱花，一阵微风袭来，樱花花瓣随风舞动着，有些飘到了湖面上，伴随着阵阵涟漪泛起，波光粼粼。紧接着我跨过了两座中式小桥，怀揣着激动的心情，径直走进了一栋高楼，乘坐电梯来到了十年后的我居住的高层洋房门前，入户门两边种植着我最爱的向阳花。这是我头脑中不止一次浮现的关于家的画面。"

现在有人来到此门前。门的另一边就是十年后的你，她正等着与你打招呼。门打开时，你注意到什么？与未来的你打招呼。注意，当未来的你在欢迎你进入未来的时空时，她是如何回应你的招呼的。将未来的你打量一下。此人长相如何？她站立的姿态如何？穿着什么衣服？感受一下此人的基本情况。

"我怀着忐忑的心情，用颤抖的手，敲了敲房门。不知道经历了十年岁月的蹉跎，我变成了什么样子。我有些局促不安，埋头闭眼，不敢抬头直视，伴随着开门声，下意识地轻声问候：'你好！'只见一脸兴奋和清朗的她打开了房门。她没有任何言语，一把把我抱在怀里。几分钟后，她才慢慢松开我，用我最熟悉的声音说：'我好想你，谢谢你今天能来看我。'无法压抑住的好奇心，让我忍不住睁眼抬头，上下打量着她。一眼便可看出，她一定是未来的我。因为看着她，就像照镜子一样，这十年的时光，未曾在这位四十岁的人的脸上留下痕迹。她挺拔、端庄地站立着，穿着一身蓝色调连衣裙，气场十足，整个人由内向外散发出来清新、贵气和高雅的气质，让人陶醉。从眉眼之间流露出她的幸福。可以说，她整个人的精神状态就是我最向往的状态。"

注意住所的内部情况。都有谁住在这里？住在这里的人怎样？该地方的色彩如何？

"跟随她进屋后，经过玄关，来到了房子的客厅。这是一套五居室，屋内的装修风格是以淡蓝色为主体的北欧风，简约、温馨、时尚，客厅沙发的后墙上还悬挂了三联抽象油画。坐在沙发上后，一缕阳光正巧透过窗户洒在对面装饰柜上的一个相框上，仔细一看，是一家四口的甜蜜合影，这应该就是全家福了吧。其实这一直是我最期待的家庭组合，毕竟对我来说，最幸福的事莫过于和自己最爱的人有一双儿女了，从照片中可以看出一家人相处得十分和睦。"

> 现在，与未来的你一起到一处舒适的地方谈一谈。也许未来的你会给你喝点东西。安顿下来，让自己舒舒服服地跟未来的你交谈。

"她心领神会地从厨房端来了一杯我最爱喝的柠檬水。她把我带到她家的露台，沐浴在温暖的阳光下，我们闲聊了起来。"

> 现在你有机会向未来的你提问任何你想要问的问题。你可以这样开始："在过去十年里你印象最深刻的是什么？"现在停一下，听听回答是什么。

"这十年来，我学会了接纳真实的自己，这是之前想做却一直未曾做到的。我现在能够将过去的委屈、难受、心酸跟快乐，毫不保留地与我的伉俪述说，他无条件地接受这一切，成了我的精神支柱。他疗愈了我的过去，使我真正接纳了缺失父母的幼年，接纳了父母不最爱我的事实，但我却能全然包容过往，依然爱着他们。"

"听完未来的你的回答，此时此刻，你想到了什么？"

"回想我跟他认识的这两个月，我的确一直在用完美包裹自己。我一直在端着，生怕哪里做得不好，惹人厌。我也不敢贸

然提出一些要求和期待，生怕被误解为是贪婪之人。所以，我们共同生活的这两个月，房租水电、日常开销等生活成本，我从未主动向他索要过，一律自己承担了。而涉及我的过去和家庭的细节信息，我更不敢过多地暴露，我真的害怕被他看不起。没想到，从恋人到步入婚姻，除了岁月静好，还要面对彼此的过往和这么多柴米油盐。"

现在向未来的你问下列问题："要使我变成你，需要懂得什么东西？什么对我最有帮助？"听听未来的你有什么话要说。

"你需要学会跟自己和解，你需要懂得凡事不用太完美，只要这个过程对自己有意义就好。任何事情你要先尽力做到最好，同时大大方方地承认自己的不完美。因为没有人能始终不出错。我想这个对当下的你来说，是最有帮助的。"

"听完未来的你的话，你有什么感受吗？"

"我感觉自己一直是在跟自己较劲，可能两个人之间，越是遮遮掩掩，语焉不详，越是让人猜度不已、惶恐不安。这样也难以让人认清真正的内心。"

"为了让自己有所进步，我目前应该怎么做？"现在听听未来的你的回答。

"你需要把真实的自己在他面前展现出来，开诚布公地把你的不安和焦虑和盘托出，毫无保留地把你的需求和想法真实表达出来。毕竟他也需要接纳你的不完美，只有这样，你们才可以一起走得更远。"

"听完未来的你的回答，你此时想怎样做？"

"她的回答更坚定了我内心的想法。最近，我也在犹豫，要不要做自我表露。此刻，我想唯有这样做，才能真正清除我们内心的芥蒂和外在的障碍。"

"除了自己的名字，你还希望别人叫你什么？一个特别的名字。可以用它来比喻或象征你的主要特点。这名字是什么？"

"我希望别人叫我晨曦。"如烟思虑片刻后回答道。

"有什么特别的含义吗？"咨询师好奇地问道。

"因为晨曦是黎明后的微光，它象征着温暖和光明，能给人以希望和活力的感觉。我希望我这辈子都是所爱之人的晨曦。"

在走之前，未来的你会送给你一个礼物，一个特别的礼物。它提醒你自己的前进目标和努力方向。那个礼物是什么？当未来的你送给你这个礼物时，问她其中是否有特殊意义。

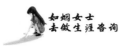
"她送给我她撰写出版的一本自传体小说，书名就叫《晨曦》。这本书记录了她的前半生，记录了她从孩童时代到现在的风雨历程。这也是我曾经想做的事情，但是又质疑自己人生经历的价值，就搁浅了。当问及她这个礼物的意义时，她说，我用了十年的时间，才有勇气写下自己的故事，因为我获得了你最渴望的家庭的温暖。而此时最配拥有它的人却是你，只有你行动起来才能促成十年后的我的状态。虽然你的过去、你的家庭无法改变，但是未来可期。临走前，十年后的我把书翻到了我此刻的章节，突然此后的内容都消失不见了，都变成了空白页。她说："现在我把人生的选择权交还给你了，此后的章节会如何发展，完全由你自己来决定。'"

现在该走了，就此结束你对未来的你的拜访。感谢未来的你和你在一起并分享了如此多的见解。

现在，循原路回到那束光，并沿着它往回走。注意，当时空回转，你又返回外层空间时，十年后的这个世界变得越来越渺小。你又看到了蔚蓝色的地球以及地表植被的绿色。注意，现在的这束光和另一束不同的光交叉，这束不同的光将带你回到现在的时空。随着这束光回到现在的地球。当你沿着该光束下落时，注意，地球变得越来越大。沿着光束再往下，注意这个地区的地形、地平线以及该地区的景色。最终，你终于回到现在的这个房间。好。再过一会儿，我要从3倒数到1，数到1时，你清醒过来，就好像好好休息了一番。你记得此次心路历程中希望记住的一切。

睁开眼时，请保持安静，并记下想要记住的此次旅程的点点滴滴。3，回到现在，变得更清醒。2，伸展身体，感觉脚下的地面。1，睁开眼睛，完全清醒过来。

如烟缓缓地睁开了双眼，若有所思地静坐了许久，似乎找到了困惑已久的答案。跟咨询师简单致谢后，她冲出咨询室，急不可耐地拨通了男友的电话……

我在《遇见生涯大师》一书中曾说过，人一旦看到了未来，或者未来的可能性，就能对当前所受的"苦"产生新的看法，就不再只认为是受苦而已，而能对当前的"苦"赋予另一层意义。因此，对于未来目标或愿景的描绘越清晰鲜明，越能带出实现的意图。

在这一幕中，咨询师使用了"未来生涯幻游法"，以过去和现在建构未来，引出来访者的未来愿景，并让其对未来进行描绘。当来访者给出对未来的初步设想后，从理想未来折射回现实困惑，就能带出他更多的自我行动指导，进而采取必要的行动，来验证他构建的未来蓝图。当事实证明来访者在理想未来中所设想的路径确实会缩小理想和现实间的差距时，他就会做出改变。

　　你不妨跟随着文中咨询师的引导词，也尝试联结一下十年后的自己，看看你过去最强烈的愿望能否在未来实现吧？如果不能，你需要做的现实改变又是什么？

第十二幕　寻找自己真正热爱的领域

最喜欢活动法

我们不太会去喜欢自己没有见过的东西，
但那个东西却有可能是最适合我们的。

晃大半年时间过去了，如烟迈着跳跃的步伐，飘逸着轻盈柔美的姿态，来到咨询室。所有人都能感受到她由内而外所散发出来的喜悦。

"我终于在自己年满三十岁这一年，把自己嫁出去了。上次咨询结束后，我们深谈了好几次，我也试着不再伪装自己，以未来如何经营好我们的小家为前提，把压抑已久的想法，言无不尽。本以为他还会像之前那般回避。没想到他也开始真诚袒露自己。前些年的他，一直专注于事业。从小生长在南方的他，一直不习惯北方的生活。所以他把那些年自己在北京挣的钱，全部投资在了重庆老家的房产上，内心总想着要回去。没想到公司突如其来的人事调动，打乱了他的计划，他很想回重庆，但是重庆分公司却没有相应的职位，为了离家更近，只能无奈选择了广州分公司。在人生地不熟的广州，算是从零起步。正在失意之时，认识了我。其实他也一直在用完美包装自己，他也害怕失去我。因此，我的坦诚相待，让他彻底放下了防御。他也从未想过，他的回避会让我如此没有安全感。"如烟急不可耐地分享着这大半年所发生的事情。

"闪婚的担忧都解决了？"咨询师问道。

"基本都解决了，我们已把话题聊开。特别是最重要的安居问题，其实他早已在解决中。他已经把重庆的房产找中介挂了出去，卖房的钱虽不能在广州购置一套同等大小的房子，但也能够我们一家人生活。未来我们的收入也会共同管理，家庭所有开支的原则都是以我们的小家为第一。他也承诺会在一年内

先存下 50 万元的积蓄给我压箱底。听到这些，我心安了很多，其他的细节也就不再看重了。因为这些至少证明了我在他心目中有很重的分量。"

"听到这些，我也真心为你遇到对的人而欣喜。那今天想聊些什么？"咨询师在对话中，看出了如烟喜悦背后的一丝焦虑。

"他真的很爱我，只要在家，他就会承担起家里面几乎全部的家务。我的婚后生活，真正活成了一个无忧无虑的小公主。在原生家庭里从未享受过的宠爱，在他这都实现了。但是我最担忧的问题还是来了。休完婚假后，我们都开始回到紧绷的工作状态中，他从上个月起，也开始了紧锣密鼓的出差。我们渐渐变成了'周末夫妻''月末夫妻'。有时忙起来，我们一个月都见不到。就像这个月，他就没回过广州。我也每天在公司里加班。我昨晚回到家，突然有一种自己还是未婚的感觉，没有他在家，整个房子空空如也。我甚至想过辞掉工作，跟他一起出差得了。但是想着他一个人要承担这么大的压力，又活生生把想法给咽回去了。更何况，我们还要为未来积蓄力量。可是如果我们还像这样持续下去，这种聚少离多的生活，迟早会让我们分道扬镳。"

"你想要有何改变？"

"我想换一份工作。其实现在这份工作对我的价值已经发挥完了。当初再次回到公司，就是希望能够提升自己的管理能力。"

"那你对这次换工作的期待是什么？"

"这次换工作，一方面，我希望能有更多相对自由的时间，这样可以陪伴他；另一方面，孔夫子说，三十而立。步入三十岁之后的我，也想立一下自己人生的追求与发展方向，后半生能做自己真正热爱的事情。现在对我来说，能陪在喜欢的人身边，还能做自己真心感兴趣的事，就是最大的幸福。"

的确如此，无数成功者的事例告诉我们，在自己感兴趣的领域发挥才能的人，是幸福的。那什么才是真正的兴趣？

其实兴趣不能简单地等同于喜欢，它是让我们完全身在事物其中，愿意花更多时间，积极主动地好奇、发掘、了解问题，并试着自己找寻答案，甚至常因专注投入其中，而忘却了时间。所以，当我们真正投入到当下的事情中去时，无论是易如反掌还是艰难险阻，我们都能够锲而不舍、知难而进，享受无穷的乐趣。因此，我们想要找寻真正热爱的领域，可以回看一下自己在日常生活中的表现。因为通常我们会选择在休闲时做自己感兴趣的事情。

"那我该怎么做呢？"

接下来，我们会尝试走进你日常生活中偏爱的环境，也就是令你感到最为舒适的环境。

请你认真回想一下，在你生活中的闲暇时光里，当

169

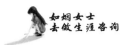

你可以自由支配时间，且精力以及其他条件都允许时，你在做哪些事情时会发自内心地乐在其中，甚至忘了时间的存在？做什么事情会激发自己的热情？做哪些事会让自己觉得精力充沛，而且充满乐趣？请列举三个你最喜欢的活动。请注意，我会邀请你先回顾自己对杂志、电视节目、网站、网游或手机 App 等媒体类活动的选择。

如烟，跟随咨询师的引导陷入回忆中……

沉思良久之后，她说："我现在的工作虽然休息时间也不多，但是只要有了空闲时间，我几乎都是用刷抖音、装饰家居环境和到健身房练舞来充实的。"

请分别描述一下这三个活动的内容。

"抖音是现在最火的短视频社交软件，身边的同事和朋友都在刷。我也是一年前被公司刚入职的年轻人强烈推荐安装的，里面的内容极其丰富，有解压类的搞笑视频，有知识类的教育视频，有艺术类的鉴赏视频，还有生活服务类的指导视频等。一旦刷上了，真的是停不下来。据说它是运用大数据与智能算法分析我们用户的喜好与需求来进行内容推送的。你说，推荐我们当下喜欢和最需要的东西给我们看，怎么可能拒绝得了？抖音已经成了我最重要的学习平台。"

"那装饰家居环境具体是做什么？"

"之前我也提及过，其实我非常热爱生活。哪怕是租住的房子，我也会不惜花大价钱去装饰它。这是我的生活态度。所以，一有闲暇时光，我就会去添置新的物品摆件或重新布置一番，我还会去买大量的室内装潢书回来研究，并实践。这个过程让我很享受，每当有朋友来到我的出租屋，都会惊叹不已，甚至有人戏称我为'生活艺术家'。"

"健身房练舞呢？"

"舞蹈是贯穿我生命最重要的存在。早年是想为却不可为，后来是可为，但因为生计却无法为。所以，我一有空就会去健身房，包下他们的舞蹈室，独自畅跳一整天，我不会刻意练什么舞种，都是随着播放的音乐而跳动。"

请依次说一下，你喜欢它们什么？或者它们最吸引你的部分是什么？

"刷抖音，除了看搞笑视频解压放松外，我最喜欢刷的是室内软装设计视频、原创舞蹈视频、摄影指导视频、插花艺术视频和美食制作与摆盘视频。"

"是什么吸引你？"

"嗯……对美感的极致追求。"

"装饰家居环境，你又喜欢它什么？"

"我喜欢对生活有着自己独创的表达。"

"那你为什么喜欢在健身房练舞呢？"

"一方面可以用汗水宣泄工作上的压力，另一方面可以用舞蹈表达自己内心的情感。"

咨询师将如烟喜欢的活动的理由或地方向她重述了一遍后，问道：

> 从你喜欢的三个活动中，你发现自己喜欢和什么样的人，在什么样的环境／地方从事什么活动？

如烟如梦初醒般地答道："我发现自己最喜欢一个人独处，在自己的精神世界里从事感觉美、发现美、记录美、描绘美以及赞叹美的事情。"

说完，她笑逐颜开，犹获新生。

"我很好奇，这个发现对你有什么特别的意义吗？"

"因为这是我之前从未觉察到的，我之前一直认为自己最喜欢的是从事跟人打交道的工作，其实不然，喜欢跟人打交道，想想也是从小迫于无奈，因为需要向父母争取更多的爱，不得不做。其实我内心追求的是自由不羁。此外，对舞蹈的追求和家居的布置，我总认为是一种对早年缺失的补偿。没想到，它们对我有别样的含义，这些真的让我很吃惊。现在想想，对这个爱和缺失的持续追逐，不但提升了我的能力，也造就了我的喜好。"

"是的，我们大部分人对现实厌恶的借口就是，没有做自己感兴趣的事情。所以他们会用这个借口来逃避现实，并认为要先找到感兴趣的事，再努力去做。殊不知，找寻兴趣的真相却是需要我们在不断尝试和试错中才能找到的。因为只有试过才能判断是否真心想做。"咨询师回应了如烟的发现。

让兴趣变成工作，我们就能自然而然地全心全意投入工作，并建立一套为兴趣不断而学的知识体系，毕竟"想做"不代表"会做"。故而到目前为止，在你接触到的现实环境中，你认为有满足自己这个兴趣的职业选项存在吗？这些职业选项分别是什么？或者你愿意花一点时间去搜寻一下吗？

"每当被工作压得喘不过气来，我也曾萌发过转行的念头。"

"具体想过做什么吗？"

"一是回归老本行，做一名舞蹈教师，但是面对现实的生计，我又被拽了回来；二是做室内软装设计师，成为一名真正的生活艺术家，但是我也了解过，从业需要有相关工作经验，同时没有设计专业学习经历的话，最好要考取国家职业资格证书，这是职业准入的敲门砖；三是自主创业，做一个舞蹈学校，我一直梦想着有一天能开一间属于自己的舞蹈学校，但是做这个资金的投入比较大，而且如何保有稳定的师资和生源也是个问题。这些可能会牵扯我很大的精力。"

"除此之外，还有别的选择吗？"

"暂时没有了。"

> 针对这些可供选择的职业选项，你是否已经具备了相关的工作能力？过去有相关的经验吗？你从事这些职业自身所具备的优势能力是什么？尚未具备的能力，你是否可以通过学习训练在短期内习得？如果无法短期习得，你会选择暂时放弃还是继续学习训练？你会给自己多久的学习期限？

"首先是舞蹈教师，因为之前已经有了从业经历，而且有不错的工作业绩，之前我也有提过，所以对该工作的胜任是没有问题的。最担忧的还是过低的待遇。"

"关于待遇，因为你只在一所学校工作过，其他学校是不是也是这样，你有了解过吗？"

"大致了解过，除了艺术专科类学校，在一般学校，舞蹈是属于副科或兴趣学科，所以没有主科的地位高，学校的重视度也不够，所以待遇普遍都不高。但是好处是工作时间相对自由，特别是民办类学校。"

"所以，这也是你会再次考虑这个职业的重要因素，对吗？"

"是的，毕竟经济已经不是我现在最大的问题，我现在最需要的是能有更多陪伴老公的时间。"

"室内软装设计师呢？"

"这个就是考验我如何将兴趣爱好转换成一种职业了。因为除了自己生活中的实践外，我没有任何从业经历。但是我自身的优势是擅于发现生活中的美，并能融合自己的想法创造美。我总是能根据不同的现场空间来做创意性的设计，这一点可以在我居住过的几个出租屋的设计中看出来，我手机里也存了当时拍摄的照片。不过我最缺乏的还是系统的专业教育和训练，这些在短时间内是无法获得的，至少需要两到三年的规范学习和实战经验的积累。这种状态可能比完成现有工作还要透支更多的时间和精力，而且这两三年我不但没有任何收入，还会增加更多用于学习的家庭开支。所以，我给了自己四年的期限，看看三十五岁时能否达成。毕竟自己还有许多需要去准备和提升的部分。"

"那自主创业呢？"

"关于创办艺术类学校，我也调查过，首先要到教育局申报办学资质，我最担心的就是自己非舞蹈专业科班出身对办学申请的影响；其次就是办学场所的选取和租赁，这又是一笔不小的费用，如果选择繁华地段或者中小学附近，成本就更高了，但是降低成本，对生源又有很大的影响；再次就是如何跟中国舞蹈协会申请到指定考试机构资格以及与各大媒体的合作，这样便于学生们的考级和搭建展示平台；最后就是如何吸引稳定的优质师资，这既是学校的核心竞争力，又是办学校最大的成本。当然，还有更多的细节需要注意。想到这，感觉给自己挖了一个更大的坑去跳，想想都头大。这个虽然是自己的梦想，但是短期内是很难达成的。我也害怕把自己又带入到各种复杂的人际关系中去。所以，这事儿只能随缘！"

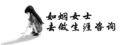

> 说了这么多，哪个职业选项更能满足你当下的需求呢？为什么？

"经过这样一番分析，我觉得现在对我来说，最适合的就是去做一名舞蹈教师。这样既能陪伴老公、满足兴趣，又能有一定的收入做保障，减轻家庭负担，还能为梦想磨砺以须。"

当说到这时，如烟有些涣散的目光集中了起来……

一个月后，如烟发来信息说，她老公非常支持她的决定，她已经从几个选择中找到了一个比较满意的工作，薪资待遇虽然大不如前，但是老公的薪资也能完全扛住，不会影响家庭生活的质量。更重要的是，她没课的时候，可以跟随老公出差。除了备考从业资格证书，她也可以借此机会去考察各地的室内设计市场，虚心学习，亲身实践，开始积累相关工作经验。三十一岁的她，已经入行很晚了，她不希望将来留下遗憾。

> 如果你真的对目标或定位有所憧憬，就不会缺乏动力。可问题是，让你持续行动的目标在哪里？
>
> 在这一幕中，咨询师使用了"最喜欢活动法"，也就是通过分析来访者最喜欢的活动，聚焦其在日常生活中偏好的场所或舒适的环境（即首选环境），来协助他确定可能感兴趣的职业环境。这一方法源自生涯建构理论的提出者萨维科斯通过不断的尝试与修正，于 1989 年凝练出来

的"最喜欢杂志法"。我们基于当今互联网时代的发展和当代年轻人选择的多样性，做了细微的调整和修改。除此之外，兴趣评估的方法还有使用标准化兴趣问卷和直接询问理想的工作环境等。

值得注意的是，第一，这种方法往往比使用兴趣问卷更有效，其测评结果也更准确。因为兴趣问卷只能看到问卷上包含的那部分兴趣，同时我们所说的可能与我们所做的会有明显不同，故而从我们表现于外的行为来进行兴趣评估更可靠。第二，这种方法不同于直接询问，它是间接地揭示了我们更倾向于哪些类型的环境，包括职业环境、适合个人追求目标和实现价值的环境等。所以，咨询师应该特别注意来访者最喜欢的人、事、物，尤其是其中有趣和吸引人的细节部分，比如他想要工作的地方，希望互动的人、想要解决的问题及想要使用的程序等。第三，萨维科斯在使用这种方法时，更偏向于先分析我们对媒体类活动的偏好，毕竟大多数人会优先选择媒体来度过闲暇时光，而且对媒体类活动的选择，他认为会更直接地传递我们对相关领域的显性兴趣。

你不妨跟随着文中咨询师的引导词，也尝试分析一下自己日常生活中最喜欢做的三个活动，评估看看你可能感兴趣的领域吧！

最喜欢的活动 1:

_____

_____

_____

_____

_____

_____

_____

_____

最喜欢的活动 2:

_____

_____

_____

_____

_____

_____

_____

_____

最喜欢的活动 3：

_____

_____

_____

_____

_____

_____

_____

这些活动，你喜欢它们什么？或者它们吸引你的是什么？

_____

_____

_____

_____

_____

_____

_____

_____

_____

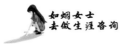
你可能感兴趣的职业环境是：

_____

_____

_____

_____

_____

_____

_____

_____

_____

_____

_____

_____

_____

_____

_____

_____

_____

_____

_____

_____

_____

_____

第十三幕　梦想终究还是败给了现实

生活角色圈

人生本来就是踩着跷跷板在行走，找到
平衡点才是王道！

如烟充实地云游两年后，于 2019 年 1 月 13 日上午 11：23，这个令她此生最难忘的日子，在她刚满三十二岁一天后，生了一个 7 斤 8 两的大胖小子，她升格为了母亲！

孩子的到来，完全打乱了她原本平静的生活。经过两年的准备，现在如烟与室内软装设计师的梦想，也只差一纸证书。但是为了孩子，她也只能选择暂时搁置。毕竟丈夫的工作状态目前还无法改变，如果两个人都在忙碌，那谁来照料孩子？为此，如烟为家庭做出了巨大的牺牲，她不希望孩子跟自己一样，在幼年缺失母爱。同时为了给手忙脚乱的二人带来助力，也为了顶替长期出差不能支持左右的老公，带娃经验丰富的婆婆也被接到了广州。

坐月子期间，丈夫只休假陪伴一周后，又开始了漫长的出差之旅。就这样，两个女人一个娃，如烟开启了新的生活模式。

初为人母的如烟，面对孩子的哭闹，总是摸不着头脑。白天有婆婆辅助还好，一到了夜晚，彻夜不眠已是常态。看着自己走样的身材和变得沧桑的面庞，摸了摸隆起的小肚腩，这让如烟更是苦恼，当年人见人称的"大美女"消失不见了，这些都给她的自信心带来了毁灭性的打击。另外，因为这是婚后第一次跟婆婆独自相处，她又害怕被婆婆瞧不起，所以在婆婆面前，她总是表现出自己贤惠和能干的一面。她无法宣泄那些自己无处安放的情绪，生命好像已经失去了它原有的意义。

刚出月子，趁着老公出差回来在家的时间，如烟就迫不及待地赶来咨询室。

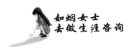

如烟从未如此邋遢过，蓬头垢面，可以看出她的眼皮像铅一样沉重，感觉随时都能睡着。

咨询师见状，赶紧安排如烟到放松室的躺椅上独自休息了一会儿。这是如烟最近这一个多月以来，睡眠质量最好的一次。睡了半小时后，在内心极度不安的驱使下，她还是强忍着倦意醒来，因为她已经彻底迷失了自我，又一次找不到了人生的方向。

"我现在每天的任务就是哄孩子、喂奶、换尿不湿和协助婆婆给孩子洗澡，循环往复。因为缺觉，每天都筋疲力尽，总是提不起精神，情绪特别低落。现在最期盼的事情就是老公回来。我苦等了一个多月后，最近他终于回来了，也带来了好消息和坏消息。好消息是，在公司耕耘了十余年的他，终于晋升为大区技术总监，坏消息是他负责的区域是西南地区，今后会常驻重庆。公司终于实现了让他回老家工作的愿望，但是对我们的小家而言，却是晴天霹雳啊！我们去年刚把重庆的房产卖掉，在广州购置了新房，今年9月份就要交房了，熬了这么多年，我终于实现'落户'广州了。没想到现在成了这样。"如烟情绪有些激动，喝了一口水，继续说道："摆在我们面前的问题有，第一，又回到了之前的选择，我们的小家是继续留在广州还是跟随他回重庆。第二，如果我们继续留在广州，以他未来的忙碌状态，就意味着我们真正变成了'月末夫妻'，我们的感情生活势必受到影响。此外，由于他无法兼顾小家，家庭教育只有我独挑大梁，父亲的长期缺席，对男孩子的健康成长必然造成影响。更不要说，今后我还能否做自己想做的事情。第三，如果我跟随他回重庆，对我的挑战更大，这就预示着我要放弃在广州经营了 15 年的各种圈子，重新起步。当然最让我担心的还是孩子的未来，孩子在广州除了能享受优质的教育资源，同时还能有着更广阔的视野。所以，我现在苦恼至极。"

如烟把最近憋了一肚子的话，一口气向咨询师说完。

"你老公的想法呢？"

"其他的他都尊重我的决定，唯独一条就是，无论我们最终去哪儿，他都希望我做全职太太。他的理由也很简单直接，一是他现在的收入足够我们家庭的开支，还会有结余。二是如果我们两个都是忙碌状态，就只能把孩子托付给老人带，这种隔代教育会对孩子产生极大的负面影响。所以，他很希望我全职在家管孩子。"

"对于老公的想法，你怎么看？"

"这也是我内心最冲突的地方，我很想教育好自己的孩子，不想让他走上我的'老路'。但是我也不希望未来过着没有自我的生活，现在孩子还小，我的生活时间可以被孩子的大小事务充斥着，可孩子迟早会离开这个家，等他上大学后，到时独守空房的我，又该如何度日？实现自己价值的生活还能找回来吗？现在想想都害怕。更何况这一个多月来，我早已失去了自我。我逐渐被困在了'男主外、女主内'的家庭分工中，而且我还没有理由和能力去反驳。毕竟凭借我现在的积累还无法支撑我们的小家。因为没有底气，所以也只能在家埋头干活。那个当年叱咤职场的'大女人'早已消失。其实我内心也

想像老公那样，能在职场实现自己的个人价值。谁说女子不如男啊！"

"不管我们愿不愿意，当踏入学校之后，终其一生，必定同时在不同的人生舞台（家庭、社区、学校和工作场所等）上扮演着不同的角色，而且每一个角色的相对重要性会随着我们生活阶段的变化而变化。就像你成家前，工作者的角色占据了你生命的绝对位置，但成家有了孩子后，相对于照顾孩子，工作者的角色就变成次要地位了。可是随着孩子的成长，特别是孩子进入幼儿园后，可能工作者角色的相对重要性又会变化。所以在人生不同的时期总会存有特别凸显与重要的角色。因此，我们必须明智地组合各种角色，不同角色的交互影响，会塑造出我们独特的生活模式。也就是说，当角色的组合可以被我们成功地扮演且让我们感到满意时，就可以说我们拥有了幸福的生涯。"咨询师试图回应着如烟的懊恼。

如烟努力地理解着咨询师的回应，并询问道："那我当下该怎样去组合这些角色呢？"

咨询师递给如烟一张 A4 纸，开始引导如烟自我省思。

> 我会先邀请你在白纸上以圆圈的方式画出当下五个对你来说最重要的生活角色，圆圈的面积代表这些生活角色你所花费的时间和它们在你生活中的相对重要性。如果这些角色是重叠的，圆圈也可以彼此重叠；如果这些角色是分别独立的，圆圈也可以独立呈现。

如烟澄思寂虑后，分别画出了五个大小不一的圆圈，并在从大到小的圆圈中分别写下了母亲、持家者、儿媳妇、妻子及女儿五大角色，其中前四个角色是有重叠的。（如图 13-1 所示）

图 13-1　如烟现在的生活角色圈

如烟刚画完，咨询师便开始发问道："请你简要描述一下这些角色及它们在你生活中的意义。"

"母亲是我现在感受最为强烈的角色，它也耗费了我最多的时间和心力，可能是刚做妈妈的缘故，我在照看孩子时还略显笨拙。"

"持家者呢？"

"虽然我们结婚两年多，但是持家者的角色也是有了孩子后才显现出来。刚结婚的那两年，因为大部分时间都是跟着老公出差，过着诗和远方的生活，最近才被柴米油盐拉回到现实。特别是有了孩子后，家务明显增多，现在它已经占据了我照看孩子外的一大半时间。"

"儿媳妇这个角色呢？"

"因为我老公大多数时间都不在家，所以除了孩子，我婆婆是跟我相处时间最久的人。她的一举一动、喜怒哀乐都在牵动

187

着我。对她我总是谨言慎行，甚至言听计从。有时即使不太认同她的观点和做法，我也是自己默默消化掉。我不想让在外奔波的老公烦心。因此，我一直在讨好婆婆。"

"那妻子的角色呢？"

"有了孩子后，我跟我老公就成了典型的异地生活夫妻。现在的我们，情感交流主要依靠电话或网络这种远程手段。有时他工程任务过重时，我也不忍多叨扰他，希望他能多休息。我非常努力地扮演好妻子的角色，从不给他添愁添忧，甚至他心情烦躁了，我也尽力包容他的脾气。但是我也害怕聚少离多的生活，会让我们感情变淡，而且没有他在身边，我总是感觉不踏实。"

"那女儿的角色呢？"

"这是我最愧疚的角色，与他们相隔千里，不能陪伴左右。因为除了问候和一些物质的回馈，好像自己也没做过什么，还好父母目前身体都比较硬朗。"

接下来，请你在每个圆圈旁边，写下你与这些生活角色有关的活动。

只见如烟在五个圆圈旁分别写下：

母亲——抱孩子、陪孩子睡觉、与孩子互动，喂奶、换尿不湿和给孩子洗澡等。

持家者——采购日用品、清扫房屋、清洁家居、洗衣服、收纳整理衣物及维修家中物品等。

儿媳妇——与婆婆聊家常、关注她的情绪和需求、为她及时添置必需品以及跟她一起给孩子洗澡等。

妻子——为老公烹饪美食、聆听他的抱怨、经常电话或微信关心他的出差生活和帮他疏导工作压力等。

女儿——通过电话或微信关心父母的生活和健康、为他们购置医疗保险和购买生活所需品等。

"这些活动给你的生活带来了哪些喜乐？"

"这些活动正应验了那句话，痛并快乐着。我每天从早到晚地忙碌着孩子的所需、繁杂的家务以及各种情感的联结。首先，自己蛮惊讶的，我从未如此清晰地看见过最近自己所做的一切。原来自己可以这么厉害，我之前不相信自己可以做好，但是结果却让人很满意。其次，忙碌间隙，当看到宝宝的一个笑容、一个不经意间的咿呀应答和一个从未做过的动作时，感觉一切辛苦都值得了。最后，老公也很体贴，出差回来后，总抢着抱孩子、做家务，想给我留出一些喘息的时间。其实我蛮欣慰的，感觉自己没有嫁错人。"

如烟话音刚落，咨询师又递给她一张 A4 纸。

请想象一下十年后你的生活正是你所希望的样子。我会再邀请你在另一张白纸上画出代表你未来生活角色的五

189

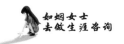
个圆圈，那是十年之后你期望过的理想生活中的重要角色，同样以面积和重叠性反映出未来生活角色的重要性和关系。

如烟不假思索地画出了妻子、母亲、工作者、儿媳妇和女儿五个角色，因为画面早就已经在她心中。她十年后的理想状态就是，妻子、母亲和工作者三个角色并重，并占据她过半数的时间，而儿媳妇和女儿的角色并行在第二的位置。其中，妻子和母亲的角色是有重叠的。（如图 13-2 所示）

图 13-2　如烟未来的生活角色圈

"你能简要描述一下这些角色及它们在你生活中的意义吗？"

"十年后，我憧憬着跟老公的两地分居早已解决。在我的观念中，夫妻关系是家里面的首要关系，与父母和孩子的关系都应该靠后。这种家庭关系的排序不能乱。只有夫妻同心，才能克服与其他关系间的矛盾和冲突，孩子也才能在健康的家庭环境下成长。所以，经营好夫妻关系，做好老公的贤内助，让家成为我们温馨的港湾。"

"母亲的角色呢？"

"十年后，我家宝贝差不多上小学四年级了。尽管我们只有平日晚上和周末才可以相聚，可是对他学业的指导、兴趣的培养、职场的探索和身心健康的关注，一个都不能落下。虽然很多方面不能硬逼，但我还是希望尽我所能地去为他创造最优的成长环境。这一点也是为了弥补我童年时的诸多遗憾。"

"工作者角色呢？"

"这是我最向往的角色。之前来咨询时，我也提到过，自己最心驰神往的状态就是能跟所爱的人在一起，做着自己喜爱的事情。随着孩子的长大，他会越来越独立，我也能把照顾他的精力往自己热爱的领域逐步转移。十年后，我相信自己能够充分利用好平日的白天，在职场去实现个人的价值。"

"儿媳妇这一角色呢？"

"其实十年后，儿媳妇和女儿这两个角色的内容，对于我来说是差不多的。"

"那你可以把儿媳妇和女儿这两个角色一并描述。"

"十年后，我们双方的父母都已经进入老年期，他们的身体和心智都在下降，所以，我们不仅需要物质上的给予，更需要精神上的关爱。因此，定期地看望和陪伴是作为子女的我们必尽的责任。"

请你对比一下现在和未来生活角色圈的差异，你有何发现？

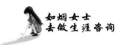
"首先是角色上的差异，现在的生活角色圈里没有工作者，而未来的生活角色圈里没有持家者。"

"你有什么要补充说明的吗？"

"因为老公的工作状态，工作者的角色已无法跻身进我当前的生活，我已经没有时间和心力去兼顾，所以现在只能暂时放下。即使休完产假，对舞蹈教师这份工作的投入也定会大不如前。而持家者的角色之所以占据我现在比较大的时间，是因为我对做家务还不够纯熟。其实未来不是没有持家者，而是随着自己持家能力的提升，这个角色占用的时间会越来越少。"

"还有别什么差异？"

"然后是时间占比和重要性上的差异，随着孩子的成长和自己个人能力的提升，这些会发生变化。"

"如果角色的组合无法让我们感到满意，我们很可能需要增加新的角色，同时淘汰一些角色，或是调整角色的投入度。"咨询师回应着如烟的发现，又继续问："还有吗？"

"最后是角色重叠上的差异，儿媳妇的角色在未来不再跟妻子和母亲的角色有重叠，是因为婆婆本人也表示过，帮我们带孩子，只会带到他上小学。不管是朋友圈还是饮食文化，婆婆还是更喜欢重庆老家。她经常挂在嘴边的话，就是'金窝银窝不如自己家里的草窝'。"

如果要将现在的生活角色圈渐渐演变成未来的生活角色圈，你打算怎么做？

192

　　如烟将画有现在的生活角色圈的 A4 纸拿在左手，把画有未来的生活角色圈的 A4 纸拿在右手，从左到右反复地看着，深思熟虑后，说："短时间内，老公是指望不上了，我觉得可以从婆婆着手，目前婆婆每天做的事情是买菜、做饭、偶尔帮我抱抱孩子和给孩子洗澡，其实大部分家务还是我在承担，所以只要持家者的角色婆婆能再帮我分担一些，我还是有精力去兼顾工作者的角色的。如果这个问题能解决，我们全家就不用劳师动众地搬迁重庆了。对于回重庆，我内心也发怵，毕竟在广州发展事业，机会肯定会更多。"

　　如烟说完后，便开始萌生了跟婆婆沟通的计划，胸有成竹地离开了咨询室。

　　令她没想到的是，更大的危机正悄然靠近。

　　我在《遇见生涯大师》一书中有说过，一个人的时间和精力时有限的，当我们发觉自己在某一角色上表现得比较逊色时，我们自然会期望将这个角色的时间分配给另外表现较好的角色，这样就会出现生活失衡。

　　在这一幕中，咨询师使用了"生活角色圈"技术协助来访者界定现阶段的生活角色，并了解不同生活角色在其人生各阶段的意义，探索其对生活角色的态度和根源，以及未来想要扮演的角色。这一技术是中国台湾嘉义大学辅导与咨商学系吴芝仪教授于 2020 年在金树人和黄素菲主编的《华人生涯理论与实践：本土化与多元性视野》一书

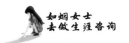

中介绍的生活角色澄清的方法。

在人生的舞台上，我们往往演的不是独角戏。每个人都只是这台戏的一个角色，所以，我们需要相互配合演出。有时我们是自己的主角，有时我们是别人的配角，甚至有时我们只是跑龙套的。但是许多人只想当主角，而不愿去做别人的配角，结果再也没人来参演你的剧本。因此，我们对扮演各个角色的投入程度，要有所抉择，才能维持平衡。

你不妨跟随着文中咨询师的引导词，也尝试先画一下你现在的生活角色圈和未来的生活角色圈，并比较一下它们之间的差异，再思考一下你下一步的行动计划吧！

_____现在的生活角色圈

_____未来的生活角色圈

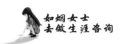

第十四幕 婆媳矛盾真是难跨的坎吗

心理位移书写法

丈夫是化解婆媳矛盾的关键。

❝我昨晚一夜没睡。"如烟眼袋浮肿，面容憔悴，有气无力地说道。

如烟也是头一次打破了咨询每周一次的设置。昨天刚咨询完，今早她又急切地预约了今天的咨询。

"发生了什么事情？"咨询师关切地问道。

"跟婆婆单独相处这一个多月来，我一再努力地迎合婆婆，本以为我们之间的关系已经很亲密了。没想到昨晚我们逐渐堆积的矛盾终于大爆发了。"如烟如泣如诉地说着昨天的遭遇，"我昨晚回到家，她一改平日的平和，扯着大嗓门就开始责备我。她说，我把孩子带坏了。今天我外出时，孩子醒来后饿得号啕大哭，她喂奶粉给他喝，一瓶奶足足喂了2个小时。她说，就是因为我喂孩子母乳，总让孩子含着奶头入睡，导致他现在对奶瓶很抗拒。听到这，我真的很委屈。我今天是抱着满心欢喜回去，为了解决现实问题，准备讨好她的。为此，咨询完，我忍受着涨奶的疼痛，专门去商场给她精心挑选了礼物。所以，晚上才回到家。其实我自知时间晚了，没想到她会有这么大的情绪。更让我崩溃的是，我老公看着我提着的礼物，也不分青红皂白地配合着数落我，抛下孩子这么久，居然是去逛街购物。我真的很憋屈，我努力控制着自己的情绪。没有跟他们争吵，径直走向卧室，抱起孩子，准备给他喂奶。还没等孩子吃上，婆婆又追了进来说，涨了快一天的奶，是不能给孩子喝的，要先挤掉前面的奶水。我又赶紧放下孩子去挤奶，挤完后继续回来喂奶，整个过程，没人关心我是否吃了晚饭。他娘俩就像接力棒一样的，婆婆说完，老公接着说，老公说完，婆婆接着说。我已心如死灰，屏蔽了外界的一切指责声。就这样静静地看着孩子，从我回来抱起他那一刻起，他就一直瞪着大眼睛渴望地盯着我，好像在说'妈妈，欢迎你回来'。我下意识地说了一句，'宝贝，你欢迎妈妈回来啊！'我婆婆一听，更冷笑着说，'他这么小，怎么会想你？'现在，不管她说什么，我都无力反驳。因为我只有一个人。就这样，我战胜了饥饿，抱着沉睡的孩子失眠到了天亮。"

如烟的眼泪忽然夺眶而出，泪如泉涌。

咨询师急忙把纸巾盒推到她面前。

良久，如烟稍微缓和情绪后，继续说道："我今早是夺门而逃的。"

"又发生了什么吗？"

"想了一夜，我觉得自己不能再这样逃避下去。我还是需要向婆婆表达清楚立场。"

"那你做了什么？"

"等她一早起来，我一改常态，不再讨好，直接说出了自己的想法。我说，'妈，如果你觉得自己带不好宝宝，以后我全部自己来，你只需要配合我就好。'这句话不说还好，说了以后犹如捅了马蜂窝。婆婆突然潸然泪下，开始哭得泣不成声，嘴巴里不断地重复着，'你就是嫌弃我带不好孩子。'她的自尊心受到了从未有过的挑战，并扬言要回重庆老家去。此刻的我，又一次陷入慌乱，无所适从。因为听到了婆婆的哭声，在里屋熟

200

睡的老公冲了出来，用劲一把抓住我的右手腕，把我拉进了卧室，前所未有地朝我嘶吼，开始讲各种大道理。我真的被吓到了，直到现在，我的右手腕都是疼痛的。我深刻地体会到那句话，老公再好，你说他妈试试。最后我只能夺门而出。"

"听你说了那么多，看得出你一直努力想做好，还受到这么多埋怨和指责，肯定觉得委屈。那面对这次冲突，你最在意的是什么？"

"我最在意老公的态度。这也是最伤我心的地方，我觉得他不够信任我。这次我对他真的很失望。自从婆婆来到我们这个小家，我感觉自己就像一个外人。老公很信任婆婆，因为婆婆在他们的家族中是出了名的'育儿专家'，据说家族里的儿女辈和孙辈都有婆婆帮手或指导的功劳。但是我跟她相处下来，发现她遵循的是老一辈的经验养育，跟我认同的科学养育有很大的分歧。比如，她一直歧视母乳喂养，一是因为她自己没有母乳，二是她觉得配方奶粉比母乳有营养，三是她坚信孩子吃母乳吃不饱。我想这也是她昨晚让矛盾升级的根源，因为她始终不希望孩子吃我的母乳。其实一开始，我还是信心满满地坚持纯母乳喂养，可是在她的各种洗脑下，加上听她话的老公在家里又囤了一大箱的配方奶粉，他们理所应当地本着不浪费的原则，使我长期处于跟配方奶粉的竞争之中，焦虑至极，导致奶量始终不够，这正如他们所愿，最终就变成了现在的混合喂养。你说这是不是本末倒置？"

"喂养问题，你跟你婆婆之前没有尝试沟通过吗？"

201

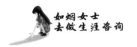
"我有主动沟通过，但是我婆婆是一个很强势的人，不喜欢别人反驳她，更不用说否定她。她最爱说的成功案例就是她当年也是这么养育我老公的，不是一样健康吗！我也不好再说什么。最后就变成了'奶瓶和乳房的争夺战'。其实昨晚当听到孩子不愿吃奶粉时，我还是有那么一丝欣慰，至少孩子更爱吃母乳。"

"看来你们的矛盾已经积压很久了。"

"是的，虽然平时跟她的小矛盾时有发生，但是之前也未曾发生过正面冲突。我想可能是因为最近老公在家，婆婆感觉自己有了靠山，乘机再争夺一把，同时也想借此再次树立自己的权威吧！"

"刚刚我听到你说，你最在意你老公的态度，我很好奇，你当时希望他做什么？"

"我希望他无条件地站在我这边。即使我做错了，他也要站，更何况这件事我没有错。这次我感受不到他对我的爱，他满眼都是厌烦。我想，我不在家的那几个小时，婆婆一定在他面前说了我不少坏话。因为他从未如此这般地不在意我，甚至还误解我。被冤枉是我此生最不能接受的。"

"此时此刻，需要我为你做些什么？"

"我以为我跟老公的感情坚不可摧，可是还是敌不过婆婆的撺掇。没想到，婆媳矛盾竟演变成了夫妻矛盾，我不希望今后再这样，长此以往，在一次次的争吵中，要是我们夫妻的感情破裂了，结局也只有一个，那就是结束。所以，我不知道自己跟婆婆的相处哪里出了问题，难道只有一味地顺从，才能化解我们之间的矛盾吗？可是有些生活习惯和育儿的底线我又不愿妥协。"如烟眉头紧锁地表达着对本次咨询的期待。

"你想要你们的关系有何不同？"

"因为自幼缺少母爱，我一开始是抱着一腔热情，很想跟婆婆相处成母女的。但是我错了，每当老公不在家的时候，我和婆婆就好像隔着一堵墙，这堵墙让我们非常尴尬，两个人都把自己真实的一面伪装起来，无法有效沟通。所以，未来我们的关系不求亲如母女，但求将心比心。我的底线是不能因此影响我们的夫妻感情。这是经历过这次冲突后，我最深有体会的。"

"你想改变什么使你们的关系会更好？"

"我感觉最需要改变的是我们的沟通模式，我们彼此都在压抑或掩饰着自己的真实感受，当不满的情绪积累到一定程度时，便会突然爆发，让对方感到莫名其妙，就像这次一样。可是我不知道我们之间的沟通在哪儿出现了问题。"

好，我今天会邀请你做一个书写练习。这个练习跟你平日的书写有点不一样。它需要我们运用不同的人称代词作主语来书写一个让你最近感到有压力、有困难、不愉快或产生创伤的事件，通过不同代词之间的移动与转换，让你从诉说者的视角，逐步跳脱成旁观者的视角，这样你就能站在不同位置环顾整体的事件，形成对事件的感受与想

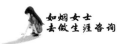

法，使你从一种自我束缚的状态中逐渐松弛下来，进而产生顿悟或理解。

如烟凝神细听着咨询师的指导语。随后咨询师递给了她一叠信纸。

首先，请你以第一人称的"我"来书写当日或最近发生的负向情绪事件。

我很难过，本想开启新的生活模式，但是现实却给了我重重一击。我知道自己很贪心，既想要爱情，又想要事业，关键是还希望能平衡好它们。可我只有一个人，我希望有人能帮我。老公虽然爱我，但是距离注定了不能得到他的陪伴与支持的结局。我本以为经过一个多月跟婆婆的相处，她也能像老公那样理解我，然而我却高估了自己在她心目中的分量。不要说事业的支持，就连生活的相处都做不到互相配合。我不知道哪里做错了，我想把最好的给到孩子，难道她真的不知道母乳对孩子的重要性吗？我只能把她不愿让孩子吃母乳的理由归为她不希望孩子跟我更亲近。我能感觉到她极强的占有欲，我们一起生活的这段时间，她曾经带孩子睡过几晚，说只要睡前喝一瓶牛奶，孩子定能睡一夜整觉，我也不用半夜喂奶那么辛苦。我还被她的这一举动而感动过。好景不长，孩子即使喝了牛奶，半夜还是哭泣着要找奶喝。最终她也只能妥协，毕竟这样下去，我们都会很累。所以，这也是我不愿意放弃喂母乳的一个原因，在给孩子喂母乳的过程中，我发现孩子可以获得更多的满足感和安全感。我很庆幸自己没有放弃，而是想尽办法在独自坚持着。昨晚发生冲突的导火索一定是长期的母乳与奶粉的争夺引发的，我实在无法想到别的理由，因为除了这个事情，我觉得我们相处得还算愉快，我总是抢着干各种家务，因为原来做销售的工作习惯，所以我能第一时间觉察到婆婆的需求并立马满足。昨晚我甚而还想过，婆婆对我如此不满，是不是因为她感觉自己的宝贝儿子被我抢走了。故而这次趁着我'抛下'孩子，长时间的外出，正好数落我一番啊！我老公从来不在婆婆面前避讳，每次回来都是给我带各种礼物，甚至当着婆婆的面秀恩爱。我每次让他注意一些时，他都没在意，总是一句，都是自己的妈，无所谓了。这么一回想，我才发现，老公婚后几乎没给婆婆买过礼物。我记得有一次也提醒过他，他说，"你买就代表是我买了，以后我只给你买，你给爸爸妈妈买。"我为这句话曾感动得热泪盈眶。但我此刻却突然想到一句话，娶了媳妇，忘了娘。难怪婆婆会生气，我抢走了她儿子，所以她也想把我儿子抢

205

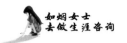
走。这也可以解释，为什么我做得再好，婆婆也不愿意认可我？为什么婆婆总是不领情我买的礼物？我们现在的状态似乎就变成，为了验证他是否爱我们，尔虞我诈，拼得你死我活。

如烟在书写过程中，三次悄悄抹泪，情绪从一开始的激动到慢慢平缓下来。

写完之后空一行，将主语换成第二人称的"你"，继续书写同样的事件内容。

你不要灰心，也不要太绝望，至少你看到了冲突背后更多的可能性。你可以尝试冷静下来，分析一下你们三个人之间的关系。你好好想想，其实婆婆、儿媳妇和儿子是一个三角关系，婆婆和儿子是有血脉的亲人，儿媳妇和儿子是很亲近的爱人。所以，你们婆媳有矛盾时，都总想自己的儿子或自己的老公站在自己这边，而将对方视作敌人。其实你们两个女人又有什么错呢？你们都是因为太爱这个男人才聚首的，因此，这个男人是衔接你们的桥梁，才是你们和谐相处的核心。

如烟不再抱怨，开始安慰自己，试图厘清跟婆婆发生矛盾冲突的关键点。

写完之后再空一行，将主语换成第三人称的"他/她"，接着书写。

可是，她老公应对婆媳矛盾的原则多半是逃避式的，如果不能逃了，就秉持着公平公正的原则。也就是就事论事，绝不偏袒。她老公的工作状态决定了第一原则的常态化，而她昨晚和今早跟她老公的冲突就是按第二原则处理的。因为抛下孩子出去逛街和让老妈落泪是她老公不能接受的。所以，婆媳矛盾上升为夫妻矛盾的关键就在于，一方面是她跟她老公的沟通不及时，信息不对称；另一方面是因为她老公长期不在家，面对她婆婆敏感的话题，她也不得不直接去跟她婆婆沟通，进而造成了她婆婆的误解。当夫妻矛盾产生后，她那不被爱的感受就会剧增，自然导致夫妻矛盾升级。所以，对她来说，有爱比讲道理更管用。道理讲得越多，夫妻感情越淡。毕竟即使说对了，争赢了，感情已不复存在。再来反观母子矛盾，即使出现再大的冲突似乎都能因为有血脉而化解。因此，她暗下决心，第一，距离不是不经营夫妻感情的借口，相反需要花更多的时间和精力去经营，否则误解会越来越多，

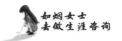
越积越深。第二，凡是她婆婆敏感的事情，一定要通过她老公去交涉。第三，不要总是对她婆婆抱有敌意，要让她婆婆理解和认可她，她也需要多理解和认可她婆婆。就像奶粉和母乳事件，其实她婆婆的坚持也事出有因，一是她婆婆没吃过母乳，看不到母乳的价值，二是她婆婆生长的年代，奶粉公司为了营销产品，刻意抬高了奶粉的营养价值，这个是时代通病。故而她理解了，她就能站在她婆婆的立场去思考，跳进她婆婆的模式里面去体会，自然欣然接纳、无须争辩，毕竟接纳不代表认同，接着再坚持自己认为对的方向，用结果去赢得她婆婆的尊重。第四，要坚持每天有理有据地去夸赞她婆婆。发现别人的好，是她最擅长的。毕竟她从小都是讨好别人过活着。

如烟慢慢冷静下来，问题变得明朗，她开始找寻解决问题的办法，并试着站在婆婆的角度去理解婆婆的行为。

当写完"他／她"之后再空一行，将主语换回"我"来描述一下此时此刻的心情与感受。

我觉得整个人释然了许多，之前郁闷的心情也好转了很多。我更有信心处理好婆媳关系了，感觉自己之前做得还是不够。我觉得书写的整个过程很奇妙，在以"我"为主语进行书写时，我感觉自己很委屈、很无助，情绪很低迷。但是当以"你"为主语进行书写时，这种你我对话，我有感觉自己被安慰到。最后以"他/她"为主语进行书写时，我有总豁然开朗之感，可能感觉像旁观者那样在评论别人的故事，头脑中莫名地冒出了很多应对之法，感觉所有问题都不再是问题，内心的一股行动力油然而生。

　　当如烟带着满满的收获离开咨询室不久，关机了近一个上午的她，打开了手机后，看到了老公上千条微信留言，满是担忧与道歉。她老公已经把在广州她可能去的地方翻了个底朝天。如烟也趁此机会，跟老公表露了自己在跟婆婆相处中的问题，又分析了问题背后的根源，更分享了自己对于处理好婆媳关系的想法，特别是需要老公配合的部分。

　　时光荏苒，岁月如梭，三年时间转瞬即逝。

　　老子说："外其身而身存"（《道德经·第七章》)，也就是说，我们在一个距离之外来观看，方能理解距离内存有的状态。

　　在这一幕中，咨询师使用了"心理位移书写法"协助来访者在书写面对困难事件的文本中，试图让其在

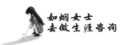

"我""你"与"他/她"这三种不同的心理位置上移动，站在不同的距离与角度，不断地进行自我对话，从快思到慢想，觉察事件的内涵，使来访者能在全景脉络下观看自己，穿透性地理解自己，进而舒缓及转化负面情绪，产生改变的动力，提升其心理适应。这一技术是金树人教授于2005年在情绪式日记书写法的基础上，结合东西方的心理位移现象，引进了叙事治疗的观点而独创的自我疗愈方法。

这种方法弥补了情绪式日记书写法无法激发来访者自发性意识的缺点，它是通过不同人称代词作主语的转换，经由深度书写后，使我们在行动者与参与者之间和诉说者与旁观者之间的角色位置变化，由近到远，把自己往外推移，到一种距离之外观看，带动出了我们内在对同一事件理解的不同的自我状态，继而反观出自身在事件里的问题所在和具体行动。

如果近期你遭遇了不愉快的事件，不妨跟随着文中咨询师的引导词，采用"我、你、他/她"三种不同的人称代词分别为主语的书写方式，拉开与自我的距离来理解自我吧！

"我"的部分

_____

_____

_____

_____

_____

_____

_____

"你"的部分

_____

_____

_____

_____

_____

_____

_____

_____

211

"他 / 她" 的部分

_____

_____

_____

_____

_____

_____

_____

_____

再回到 "我" 的部分

_____

_____

_____

_____

_____

_____

_____

_____

_____

第十五幕　我要活成自己满意的样子

人生之书

每个人都是自己生命的作者。

　　一年前，在与老公达成共识后，婆婆因为执拗不过老公，如烟终于实现了全母乳喂养。如烟的坚持，也让婆婆看到了母乳喂养对孩子的好处。正如如烟所想的那样，婆媳相处中越是唯唯诺诺越是得不到婆婆的尊重，相反在得到老公的支持后，用事实说话的方式，更容易得到婆婆的认同。

　　虽然她跟婆婆还是会在生活习惯和养育观念上出现分歧，但是她们似乎都慢慢学会了"求同存异"，会站在对方的角度思考问题。这跟在如烟三年的带动下，她与婆婆之间早已形成的每日互夸彼此的模式有关。

　　最近，令如烟最可喜的事有两件，一是孩子今日就要上幼儿园了，他即将迈入人生的新阶段。如烟在白天的时间，也可以重拾自己的兴趣。二是老公经过了三年的努力，近日也将从重庆调回广州，他们终于能不再饱受相思之苦。老公的回归也会给她带来巨大的支持。这三年来，老公也积极配合如烟，化解了多起跟婆婆的潜在冲突。经过三年的实践积累，老公也总结了处理婆媳矛盾的行之有效的方法，第一，除非媳妇做出大逆不道之事，否则婆媳冲突一定要站在媳妇这边，跟媳妇谈情感，跟妈妈谈对错。因为与妈妈有血脉关系，与媳妇没有，即使跟妈妈谈崩了，也容易被原谅，但是媳妇则不然。第二，因为跟媳妇没有血脉关系，所以更需要用必要的物质去经营，特别是媳妇当下最需求的东西。

　　如烟给咨询师讲述着这三年自己的经历和变化。经过咨询师评估后，整个咨询就可以到此结案了。

215

　　如烟虽有不舍，但她也自知自己需要慢慢学会独立。

　　"我们之前共同经历了十六次的咨询会谈，通过走进你的人生故事，协助你挖掘了自己应对现实困境的自身发展资源，我也可喜地看到了你的每一次变化。在你的持续努力下，使自己所遭遇的一次次问题得以迎刃而解。而咨询的终极目标就是要帮助你重新恢复自己对时间和命运的掌控。所以，为了帮助你带出对未来的希望感，同时能建立应对现实问题的长期稳定的习惯，我将带领你做最后一个练习，设计你的《人生之书》，来结束我们的咨询。"

　　　如果把我们每个人的一生比喻为一本独属于自己的书，自己就是书的作者，生命中的每一个部分就构成了这本书中的章节，此时此刻，虽然书未完成，但是它可能已经包含了一些有趣的和已形成的章节。我们每天的经验都成为谱写这本书的基石。

　　咨询师一边说着练习的指导语，一边把一张 A4 纸和一盒水彩笔放到如烟坐的沙发旁的茶几上。

　　　请你先将白纸对折两次，然后把图中圈出的两个纸张连接处裁剪开，就形成了一本可翻阅的书本样式（如图 15-1 所示）。这就是需要你设计的关于你自己的那本《人生之书》。

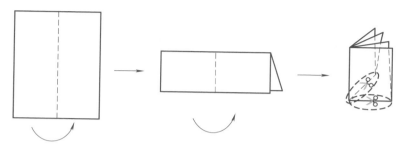

图 15-1 书本样式制作示意图

如烟按照咨询师的指引，心无旁骛地制作起来。

咨询师继续引导着。

全书一共由八页内容构成。

第一页，即封面页。它包含了三个部分，分别是书名、作者和封面设计。

如果你的人生如同一本书，它是一本什么样的书——你会如何给这本书命名——你自己是这本书的作者，你是用自己的真名还是用笔名？这本书的封面你会如何设计，是五彩斑斓的还是朴实无华的？

如烟斩钉截铁地在第一页的正中央写下了"晨曦"二字。在几年前她就想过此事，如果她要写一本有关自己人生经历的书，书名就叫《晨曦》。她在之前的咨询中有提到过。

接着，她在书名的正下方，又写下了"如烟 著"，她选择了用真名。咨询师询问理由后，她解释道，"如烟既是我的真名，

又是我的笔名。烟云常常与晨曦相伴，正因为有了它，晨曦的第一缕阳光才不那么刺眼，才格外温暖。"

最后，她打开了装水彩笔的盒子，选出了黄色、橙色和淡绿色的水彩笔，在页面的左上方，画出了清晨初升的太阳，散发出无限的光芒，淡淡的烟云依偎在四周，就像徐徐拉开帷幕那般，右下角是三朵两大一小的向阳花，随太阳而转动。整个封面让人感觉暖洋洋的。对于封面设计，如烟的解释是，"以前的我太缺乏安全感了，我的世界总是那么孤单，我只能把自己蜷缩在一起，这样才会感觉更暖一些。现在的我有了力量，希望主动给人以温暖，特别是我爱的人和爱我的人，不想让他们像过去的我那样总是无尽等待。这种晨曦的一抹阳光久晒不但不会被灼伤，还能给人一整天的温暖。三朵向阳花分别代表我们一家三口，我们沐浴在阳光里。"

第二页，即序言页，也是封面的背面（封二）页。它可以是推荐序，也可以是自序。

这本书你会邀请谁来给你写推荐序？推荐序的标题是什么？请你用2～3句话来描述一下推荐序的主要内容。最后落款是推荐人署名。

如果你选择的是自序，自序的标题是什么？请你用2～3句话来描写一下自序的主要内容。请注意，这篇自序是读者在阅读这本书的导论或总体纲要，要让读到的人快速地理解你这个人的特色与精华。最后落款是你的署名。

如烟反复地审思明辨后，她选择了十年后的自己来为这本书写推荐序。沉吟片刻后，写下了序的标题——向阳花开。

紧接着，她撰写了序的主要内容并署名。

向阳花开

著名诗人泰戈尔曾说过："世界以痛吻我，我却报之以歌。"

过去的你渴望着阳光普照，现在的你却成了别人的光与热。

原来成长道路上的那些磨难、挫折与失败，都从未曾让你放弃过对生活的热爱，心若向阳，便会春暖花开。

不惑·如烟

"整篇序言，有主题吗？那个主题是什么？"咨询师追问道。

"有，主题是照见的力量。"

"这篇序言传达的核心概念是什么？"

"一切苦难皆是修行。我们可以选择短暂地痛苦，但是不要纠缠过去。正因为有了那些难熬的时光，才使你的内心变得更加强大，看待问题也更加深刻，它们终将变成指引你前行的力量。"

第三页和第四页是目录页。第三页是从出生到现在的章节目录，第四页是从现在到未来的章节目录。

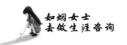

从此时此刻回看过去，你会把自己成长过程中的经验，如成绩单、照片、玩具、奖杯、情书等印象深刻的情节，划分为多少个章节？每个章节的标题是什么？每个章节的主要内容，如何用一句话概括？

如烟沉思良久后，把自己从小到大的经历分成了十章。

目 录

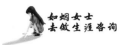

通过回顾过去和现在所经历的事件，好好思考一下，从现在起一直到死亡，你还有哪些没有实现的心愿希望在未来发生？这期间还可能发生哪些有意义和价值的事情？是不是做完这些事你的人生就会幸福美满了？你会将对未来的畅想分成多少个篇章？各个篇章你会创作出什么样的标题？如何用一句话概括每个章节的主要内容？

如烟将笔在手指间转来转去，不一会儿就提笔创作出了五个章节。

目　录

第十一章　设计事业初见效

　　　　回归室内软装设计师的工作，拿到执业证书，从设计师助理成长为独立设计师。

第十二章　吾家有儿初长成

　　　　一转眼，儿子就上大学了。虽然这十五年来工作与家庭的双重压力让我们夫妻俩疲惫不堪，但是对他学习兴趣的激发、学习习惯的培养和独立人格的塑造，我们都没落下。

第十三章　家庭事业双丰收

　　　　儿子从事着自己满意的工作，交往了自己喜欢的女朋友。老公和我都能在各自的行业获得个人最高荣誉。

第十四章　退休生活也疯狂

把退休生活过成"诗和远方"，实现跟老公环游世界的梦想。

第十五章　人生最后的时光

在自己所爱的人的陪伴下，播放着欢快的音乐，在向阳花海中没有悲伤地离开人世。

第五页是你当下所在的章节页。它可能是第三页的最后一个章节，也可能是第四页的第一个章节。

请你挑选出你现在所在的一章，把章节名写在第五页的正上方。接着用虚线将整个页面等分为上下两个部分。最后，请你在页面的上半部分，写下你的阶段目标并列举出朝向目标过程中的可能阻碍。而页面的下半部分，写上为了达成这些目标，你需要哪些内、外部资源和支持。

如烟二话不说地选取了第十一章。

第十一章　设计事业初见效

我的阶段目标是：

（1）求职行业龙头企业的设计师助理一职，跟随

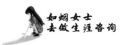
资深设计师学习；

（2）通过最近一次的国家职业资格证书考试；

（3）三年内，成为独立室内软装设计师。

朝向目标过程中的可能阻碍是：

对家庭的兼顾必然造成精力的分散。毕竟这个行业的工作性质导致平日晚上、周末或节假日很可能需要加班。

为了达成上述目标，需要调用的资源有：

（1）求职类网站；

（2）历年真题库。

为了达成上述目标，需要寻求的支持有：

（1）报名资格考试辅导班；

（2）联系三年前建立的行业人脉资源；

（3）老公的无条件支持。

第六页和第七页是行动步骤页。

请你根据第五页列出的阶段目标，在第六页和第七页上面，针对每一个目标写下至少三个行动步骤。

如烟伸手抓了抓脑袋，片刻之后写下了她的行动计划。

目标1——求职行业龙头企业的设计师助理一职，跟随资深设计师学习。

行动步骤：

第一步，联系行业人脉，了解当前在广州的行业龙头企业和资深设计师；

第二步，搜索各大求职类网站，了解这些龙头企业目前的招聘需求；

第三步，梳理三年前在行业内学习和兼职的经历；

第四步，根据招聘职位要求撰写求职简历，并按需投递；

第五步：从职业装、应聘企业信息调查、自我介绍等方面进行面试前的准备；

第六步：根据面试结果，从中选择一家离家相对近一些的工作机会。

目标2——通过最近一次的国家职业资格证书考试。

行动步骤：

第一步，报名权威考试辅导机构，进行系统化学习；

第二步，利用空余时间，刷真题库；

第三步，通过考试，拿到执业证书。

目标 3——三年内，成为独立室内软装设计师。

行动步骤：

第一步，做好资深设计师的助手，学习室内空间与色彩、风格、灯光的关系，增加对家具及文化背景的了解，注重美学基础和文化修养的提升，培养自己多想、多看、练习和审视的良好职业习惯；

第二步，多参与工地现场的实践，提升自身的工地管理能力；

第三步，经过三年的积累，成为一名让客户满意的室内软装设计师。

第八页，即封底页，也是致谢页。

请你写下完成此书时会向谁致敬。这个人对你的生命是有重大影响的。

如烟毅然决然地写下"爸爸"二字。对爸爸虽有过埋怨，但没有爸爸的"鞭策"和信任，也不可能有今天的她。

如烟很满足地翻阅着这本专属于她自己的《人生之书》，感慨万千。

"在制作《人生之书》的过程中，你有什么觉察或发现？"咨询师问道。

"我发现自己对于未来，其实早有规划，只是它们一直在头脑里面拧巴在了一起，混乱不堪。制作《人生之书》的整个过程，使得混乱开始走向有序。"

"《人生之书》的这个练习，给你什么启示？"

"原本今天来咨询前我还有些忐忑不安，毕竟自己已经三年没有接触过软装设计行业了，我在质疑自己是否能跟上行业发展的步伐。可是当拿着这本自己制作的《人生之书》，自己突然有了自信。看着自己能够从曾经的人生遭遇中挺过来，进而对未来产生了合乎现实的理想画面，以及由近及远的行动计划，一下子让我觉得自己的未来能够变成现实。"

"这几年时间里，感谢你的坦诚和配合，与我分享了这么多，我也看到了你的努力。现在你找到了自己真正热爱的职业方向，也有了具体的实施计划，我由衷地为你感到高兴。你好像越来越依靠你自己了，而且做得很好。现在该是你独立去适应生活的时候了，你已具备了这样的能力。当然，生活还在继续，困扰还会出现。如果需要再交谈的话，任何时候都欢迎你。最后，再次感谢你对我的信任，预祝你拥有一个美好的未来。"

"最应该说谢谢的人应该是我，感谢您愿意倾听我的故事，在我最无助的时候，为我指点迷津。现在我已经在咨询中得到了自己当初想要的，而且很满意，我感觉很好，谢谢您！"

话音刚落，如烟猛地站了起来，给咨询师俯身鞠躬后，怀揣着不舍，迈着坚定的步伐，数次回头，直至离开咨询室。

（全剧终）

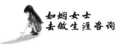

　　人生难免有痛苦，咨询要解决的就是痛苦背后的问题。而每个人都是自身问题的专家。所以，在咨询过程中，咨询师一方面要让来访者看到他有能力去面对自己的现实问题，那个现实问题可以解决，也可以不解决，但是它却不再影响来访者走好自己的路；另一方面，要协助来访者定义出属于自己的目标，这样他才有努力前进的动力。

　　在这一幕中，咨询师使用了"人生之书"技术协助来访者通过生命主题的确立和省思过往经历，在增进自我认知的基础上，带出他生涯中稳定的未来感，进而他才有可能为现在找到出口，同时还能感怀重要影响者。这一技术是美国威廉与玛丽学院教育学院咨询心理学教授、两度担任 NCDA（National Career Development Association, 国际生涯发展协会）主席、希望中心取向的生涯发展模式的提出者斯宾塞·奈尔斯（Spencer Niles）于 2017 年 12 月 10 日在 NCDA 生涯教育上海论坛上分享的咨询工具，文中的操作步骤是我们经过了四年多的本土化实践，进行了相应的修改和调整而成。

　　奈尔斯认为，体悟生涯就像窥尽人生百态。因为没有一份工作能持续顺利，也没有一个人会永远处于低潮。如果我们能真正意识到人生本有起落，就能从过往林林总总的经验中获得启示，滋养我们的未来。

你不妨跟随着文中咨询师的引导词，也制作一本独属于你自己的《人生之书》吧！

后　记

缘，妙不可言

现在是 2022 年 3 月 16 日凌晨 01：33，我在生涯领域的第三本著作《如烟女士去做生涯咨询》终于完稿了。不知道是缘分还是巧合，这个日子对我来说意义非凡。

一则五年前的这一天，我的第一本生涯著作《遇见生涯大师》出版。这是我首次尝试以说故事的方式来传播生涯知识。

二则两年前的这一天，我的第二本生涯著作《大话生涯：自我发现之旅》完稿。就方法论而言，第三本书可以视作第二本书的补充与完善。因为它不同于以"共性经验指导"为主体架构的前作，它开始回归唤醒我们的内在思考力，试图从"个人经验分享"中，明晰自己的选择与判断。这是后现代思维跟现代思维的呼应。

三则今天不但是我大女儿 5 岁的生日，还是我小儿子满 100 天的日子。最近我的身心状态有些不一致，因为从去年 12 月开始陪产，到伺候月子、做称职奶爸，再到挤出时间创作书籍，身体已严重透支。这个时候才真正体悟到生涯发展理论的提出者舒伯为什么要提出"生涯阶段"和"生活角色"的概念和孔子为什么说"四十不惑"。的确，今年42岁的我所扮演的生活角色，舞动着已不再是当年色彩单一的缎带，而是现在绚烂的七彩缎带。而且缎带越多，需要我分散的时间和精力就越多。可是令人惊奇的是，此时此刻的我，内心却无比满足。用一句话来描述就是，幸福得像花儿一样。我想这就是每个人对生涯该追求的理想状态，能真正活出让自己满意的样子。所以，这个时候，我的精神力量似乎已经超越了肉体的限制。我想自己的内心深处一定有一股力量在驱使着自己，加班加点地赶在这一天完稿，也是为了给子女们献礼。当然，最应该感谢的是陪伴和支持我创作的我的妻子，如果没有她的分担，这本书也没办法按时完稿。她更是这本书的第一个读者，在本书的创作过程中，她给了我许多中肯之言，并不时催促我完成后面篇章的内容。这也成为我持续创作的动力源。

缘，真是妙不可言啊！就像跟如烟的相遇那样，陪伴她解惑成长的过程，也是我的一场修行。感谢她愿意跟广大读者分享她的成长故事！

由衷感谢中国心理学会前理事长、华南师范大学李红教授，知实堂主、TTT版权所有人、上海启能顾问董事长刘子熙老师和我的好友、北京明光生涯教育创始人、生涯咨询专家贾杰老师应允为本书作序。同时，这本书能顺利出版，还要感谢机械工业出版社生活图书分社的王淑花社长，她从图书选题到加工复审，再到设计制作，都给予了我很多启发和一如既往的信任与支持。

最后，鉴于笔者知识水平有限，书中如有不妥之处，恳请各方专家和广大读者不吝赐教，在此致以诚挚的谢意。我的邮箱是 wushascat@126.com。

如烟的故事说完了，那你的故事是什么呢？

赶紧说说你自己的生命故事吧，看看它们能带给你什么"惊喜"！

吴　沙

参考文献

[1] 丛扬洋．找到意想不到的自己：萨提亚模式与自我成长 [M].
武汉：武汉大学出版社，2015.

[2] 达格．职业规划心理咨询全案 [M]. 谢晶，译．北京：中国
人民大学出版社，2020.

[3] 金树人，黄素菲．华人生涯理论与实践：本土化与多元性
视野 [M]. 台北：心理出版社，2020.

[4] 金树人．生涯咨询与辅导 [M]. 北京：高等教育出版社 , 2007.

[5] 金树人．心理位移研究的趣与味：自性化过程的实践 [J]. 辅
导季刊，2011，47（2）：1-6.

[6] 金树人．心理位移：位格特性与疗愈效应研究之回顾与展
望 [J]. 中华辅导与咨商学报，2018，53：117-149.

[7] 黄金兰，张仁和，程威铨，等．我你他的转变：以字词分
析探讨大学生心理位移书写文本之位格特性 [J]. 中华辅导
与咨商学报，2014，39：35-58.

[8] 黄素菲．叙事治疗的精神与实践 [M]. 台北：心灵工坊文化，
2018.

[9]　黄鑫．用写作重建自我 [M]．北京：机械工业出版社，2020．

[10]　惠特沃思，希姆塞－豪斯，桑达尔．交互式教练：指导他人在生活和工作中获得成功的新技巧 [M]．笪鸿安，译．北京：中国人民大学出版社，2006．

[11]　寇克伦．叙事取向的生涯咨商 [M]．黄素菲，译．台北：张老师文化事业股份有限公司，2006．

[12]　克虏伯，列文．永远相信，幸运的事情即将发生 [M]．李春雨，毛强，译．北京：中国华侨出版社，2015．

[13]　柯特曼，辛尼斯基．心灵疗愈自助手册 [M]．黄孝如，译．台北：天下文化，2014．

[14]　LOWENSTEIN．创意式家族治疗：家庭会谈中和孩子工作的游戏、艺术及表达式行动方案 [M]．陈美伊，曾威豪，邱俊育，等译．台北：心理出版社，2016．

[15]　邱丽娃，徐一博．美好生活方法论：改善亲密、家庭和人际关系的 21 堂萨提亚课 [M]．北京：中国人民大学出版社，2021．

[16]　沈家宏．原生家庭：影响人一生的心理动力 [M]．北京：中国人民大学出版社，2018．

[17]　史密斯．拥抱你的内在小孩：亲密关系疗愈之道（珍藏版）[M]．鲁小华，张娜，阎博，等译．北京：机械工业出版社，2021．

[18]　萨维科斯．生涯咨询 [M]．郑世彦，马明伟，郭本禹，等译．重庆：重庆大学出版社，2015．

[19] 沃克. 第一本复杂性创伤后压力症候群：自我疗愈圣经 [M]. 台北：柿子文化，2020.

[20] 吴沙. 遇见生涯大师 [M]. 北京：北京大学出版社，2017.

[21] 吴沙. 大话生涯：自我发现之旅 [M]. 北京：机械工业出版社，2020.

[22] 王思峯，秦明秋，林俊宏，等. 组织生涯管理与咨询研究报告 [R]. 2 版. 台北：台湾生涯发展与咨询学会训练委员会，2019.

[23] 游金潾. 回到爱里：心理剧、社会计量与社会剧的实务运用 [M]. 台北：心理出版社，2017.

[24] 周丽媛. 书写自愈力 [M]. 北京：人民邮电出版社，2022.

[25] KRUMBOLTZ J D. The Happenstance Learning Theory [J]. Journal of Career Assessment, 2009, 17(2): 135−154.

[26] MORGAN J I, SKOVHOLT T M. Using Inner Experience: Fantasy and Daydreams in Career Counseling [J]. Journal of Counseling Psychology, 1977, 24(5), 391−397.

[27] NILES S G, AMUNDSON N E, NEAULT R A. Career Flow: A Hope−Centered Approach to Career Development [M]. Boston, MA: Pearson, 2011.

[28] PEAVY R V. Constructivist Career Counselling and Assessment [J]. Guidance & Counseling, 1996, 11(3): 8−14.

[29] PEAVY R V. A Constructive Framework for Career Counselling [M]//SEXTON T, GRIFFIN B. Constructivist

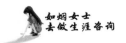

Thinking in Counselling Practice, Research and Training [M]. New York: Teachers College Press, 1997:122−141.

[30] SAVICKAS M L. Career Style Assessment and Counseling [M] // SWEENEY T J. Adlerian Counseling and Psychotherapy: A Practical Approach for A New Decade [M]. 3rd ed. Muncie, IN: Accelerated Development Press, 1989:289−320.

[31] SIMON S B, HOWE L W, KIRSCHENBAUM H. Values Clarification: Your Action−Directed Workbook [M]. New York: Warner Books, 1995.

[32] SKOVHOLT T M, HOENNINGER R W. Guided Fantasy in Career Counseling [J]. The Personnel and Guidance Journal, 1974, 52(10): 693−696.